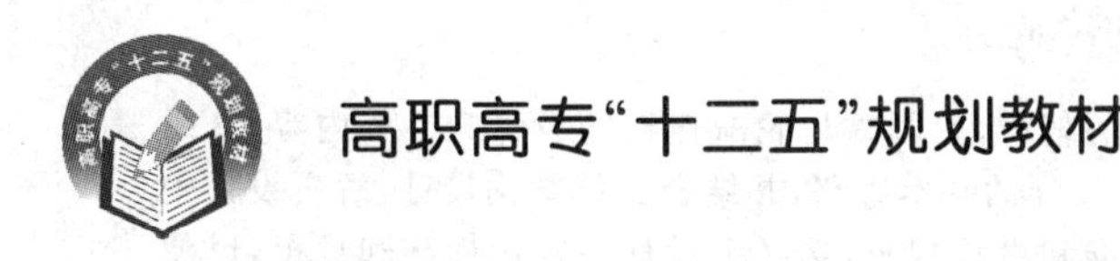

机械设计基础课程设计
(第2版)

主　编　王建琼　王德佩
主　审　郭桂萍

北京航空航天大学出版社

内容简介

本书是一本指导机械设计基础课程设计的教材，以圆柱齿轮减速器的设计为主要内容，介绍了圆柱齿轮减速器设计的全过程，详细介绍了设计的基本思路，并结合具体结构设计，解析设计中常出现的问题。本书贯彻执行最新的国家标准和设计规范，选择了设计中常用标准和规范，以便于学生使用。为了减少篇幅，标准和图例的选用以满足本课程设计需要为主，参考图、设计题目均考虑了高职高专学生的特点，力求简单、实用。

全书共15章，第1～7章为课程设计指导，第8章为设计说明书内容、格式及设计题目，第9～15章为常用标准、设计规范和参考图例。

本书为高职高专机械设计基础课程的配套教材，根据高职高专的教学特点编写，供高职高专机械类与近机械类专业课程设计使用。

图书在版编目(CIP)数据

机械设计基础课程设计 / 王建琼，王德佩主编. -- 2版. -- 北京 ：北京航空航天大学出版社，2014.8

ISBN 978-7-5124-1358-0

Ⅰ. ①机… Ⅱ. ①王… ②王… Ⅲ. ①机械设计—课程设计—高等职业教育—教材 Ⅳ. ①TH122-41

中国版本图书馆 CIP 数据核字(2014)第154227号

机械设计基础课程设计(第2版)

主　编　王建琼　王德佩

主　审　郭桂萍

责任编辑　罗晓莉

*

北京航空航天大学出版社出版发行

北京市海淀区学院路37号(邮编100191)　http://www.buaapress.com.cn

发行部电话：(010)82317024　传真：(010)82328026

读者信箱：goodtextbook@126.com　邮购电话：(010)82316524

北京时代华都印刷有限公司印装　各地书店经销

*

开本：787×960　1/16　印张：11.25　字数：252千字

2014年8月第2版　2014年8月第1次印刷　印数：4 000册

ISBN 978-7-5124-1358-0　定价：25.00元

前　言

机械设计基础课程设计是“机械设计基础”课程的一个有机的组成部分，是对学生进行的一次较为全面的综合设计练习。本书以机械设计基础课程设计为主线，按照课程设计的基本步骤，以圆柱齿轮减速器为例进行编写，可作为高职高专机械类与近机械类专业的机械设计基础课程的配套教材。

本书在编写的过程中，尽量避免与学生先修课程中有关内容（如机械制图等相关内容）、“机械设计基础”教材的内容重复，重在满足课程设计要求，提高学生分析问题、解决问题的能力，精选了相关内容和有关的机械设计标准和规范。本书的参考图例、设计题目等，均考虑了高职高专学生的特点，尽可能简明扼要、实用，同时便于指导学生自学。

本书由四川航天职业技术学院王建琼和王德佩主编，薛铎、万东担任副主编，四川航天职业技术学院郭桂萍教授担任主审。参与本书编写的还有刘增华、潘启萍等。在本书编写过程中还得到了许多老师和同行的帮助，在此一并表示感谢。

对本书存在的错误和不足之处，恳请读者批评指正。

编　者

目　　录

第1章 概 述

1.1 课程设计的目的

机械设计基础课程设计是机械设计基础课程教学中的一个重要内容，也是整个专业教学过程中的一个重要的实践环节，其目的在于：

① 使学生将所学的机械设计基础课程的理论以及相关先修课程的知识，进行一次较为全面、综合地应用，培养学生机械设计能力，加深对相关知识的理解。

② 通过课程设计这一环节，使学生掌握一般传动装置的设计方法、设计步骤，初步培养学生分析和解决工程实际问题的能力，树立正确的设计思想，为后续专业课程及毕业设计打好基础，做好准备。

③ 通过课程设计这一环节，提高学生的有关设计能力，使学生具有运用标准、手册、图册、规范和查阅有关技术资料的能力，掌握经验估算等机械设计的基本技能，学会编写设计计算说明书，培养学生独立分析问题和解决问题的能力。

1.2 课程设计的内容、任务和步骤

1.2.1 课程设计的内容

课程设计往往选择一般用途的机械传动装置和简单的机械作为设计课题，比较常用的是以齿轮减速器为主的机械传动装置，设计的主要内容包括以下几个方面：

① 分析、拟订传动装置的设计方案。

② 电动机的选择。

③ 传动装置运动参数和动力参数的计算。

④ 传动件及轴的设计计算，校核轴、轴承、联轴器、键等。

⑤ 减速器润滑和密封的选择。

⑥ 减速器的结构及附件设计。

⑦ 绘制减速器装配图、零件工作图。

⑧ 编写设计计算说明书。

1.2.2　课程设计的任务

课程设计要求在规定时间内(一般为2周)完成以下任务：

① 绘制减速器装配图1张(用A0或A1号图纸绘制)。

② 绘制齿轮、轴、箱体等主要零件工作图各1张(齿轮、轴任选)。

③ 编写设计计算说明书1份，6 000字左右。

1.2.3　课程设计的步骤

课程设计步骤如下：

① 熟悉设计任务书，明确设计的内容和要求。

② 拟订和讨论传动装置的传动方案；选择电动机；计算传动装置的总传动比，分配各级传动比；计算各轴的功率、转速和转矩。

③ 传动零件及轴的设计计算，如齿轮传动(或蜗杆传动)、带传动、链传动的主要参数和几何参数，计算各传动件上的作用力，估算轴径。

④ 确定减速器的结构方案，设计及绘制减速器装配图，包括减速器箱体的结构设计、轴的设计、轴的强度校核；选择及校核轴承、键、联轴器，选择减速器的润滑和密封方式。

⑤ 绘制减速器装配图。

⑥ 绘制减速器主要零件工作图。

⑦ 编写设计计算说明书。

1.3　课程设计的注意事项

课程设计这一环节与理论课程学习有所不同。它是学生将所学的有关机械设计基础的理论知识综合运用的实践性环节，学生一开始往往无从下手，指导老师应及时给予学生指导，引导学生的设计思路，启发学生独立思考，解答学生设计中的疑难问题，制订设计进度，并对设计进行阶段性检查。这一过程要求学生将所设计的内容当成是"实际任务"，即设计出来的产品要能在实际工作中运用，因此设计过程中必须综合考虑强度、刚度、结构、工艺、装配、润滑、密封等诸多方面的问题。

① 设计过程中应及时检查，及时修正，以免造成大的返工。

② 数据是设计的依据，应及时记录计算数据，便于下一步设计及编写设计计算说明书时使用。

③ 设计过程中必须建立一个较为完整的设计概念，要注意强度、刚度、结构、工艺和装配

等诸多要求的关系。如图1.1a所示，将轴的结构设计成一根光轴，显然是不够全面、不合理的。如图1.2b所示，综合考虑了轴的强度、刚度、轴上零件的轴向定位、周向定位等因素而设计的结构是合理的。

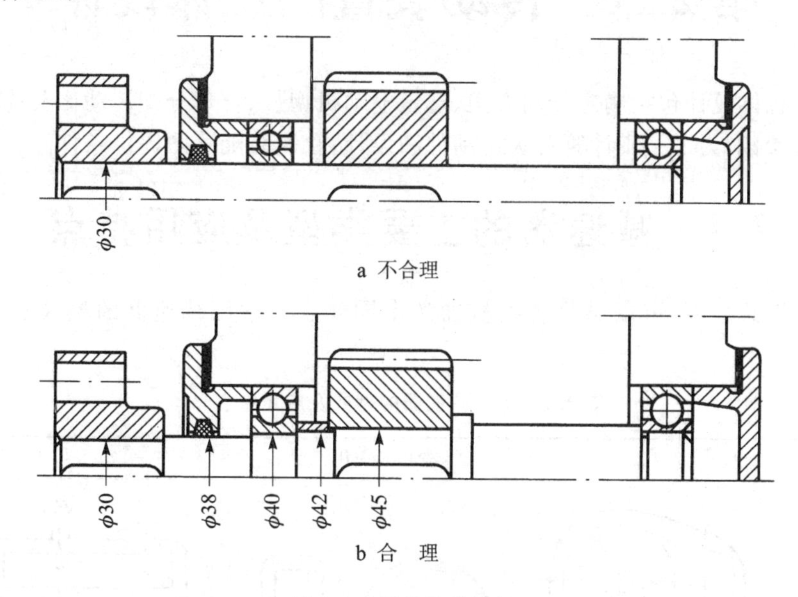

图1.1 轴的结构设计

在设计过程中，学生必须理解设计结果不是唯一的，理论计算只是设计过程中最根本的依据而不是最终的答案或设计结果。在设计过程中必须根据理论计算的依据，结合经验公式、同类产品的数据资料根据具体情况进行适当调整，全面考虑强度、刚度、结构、工艺和装配等诸多要求进行设计。

④ 设计中应尽量采用标准和规范，减轻设计工作量，节省设计时间，增强零件的互换性，降低设计和制造成本，提高设计质量。

⑤ 市场经济中，成本低、经济性好的产品是占领市场的关键因素。因此，在设计过程中，必须考虑经济性这一因素，应尽量采用标准件，这既是降低产品成本的一个原则，也是便于安装、拆卸、维修的关键。

以上所讲的是设计中的几个主要注意事项，在整个设计过程中还有许多具体的注意问题，将在后续章节中进行说明。

第2章　传动装置的总体设计

传动装置总体设计包括确定传动方案、选定电动机型号、合理分配传动比及计算传动装置的运动及动力参数,为下一步计算各级传动件和设计、绘制装配草图提供条件。

2.1　减速器的主要类型及应用特点

减速器的形式很多,可以满足各种机器的不同要求。常用减速器的型式及应用特点如表2.1所列。

表2.1　常用减速器的型式及应用特点

类　型	简图及应用特点
一级圆柱齿轮减速器	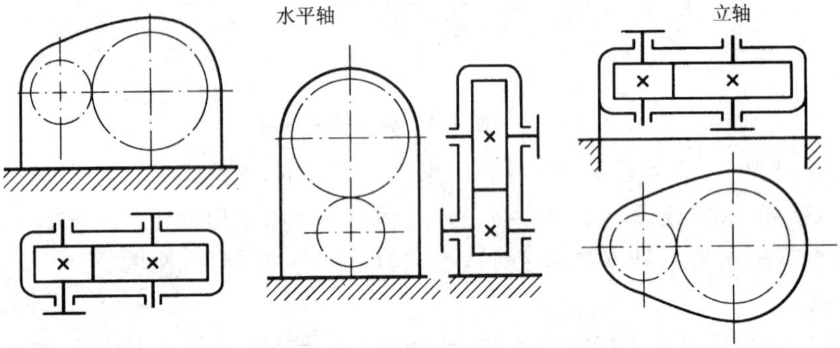 水平轴　立轴 传动比一般小于6,可用直齿、斜齿或人字齿。箱体常用铸造件,小批量时也可用焊接结构,传递效率高,工艺简单,应用非常广泛
二级圆柱齿轮减速器	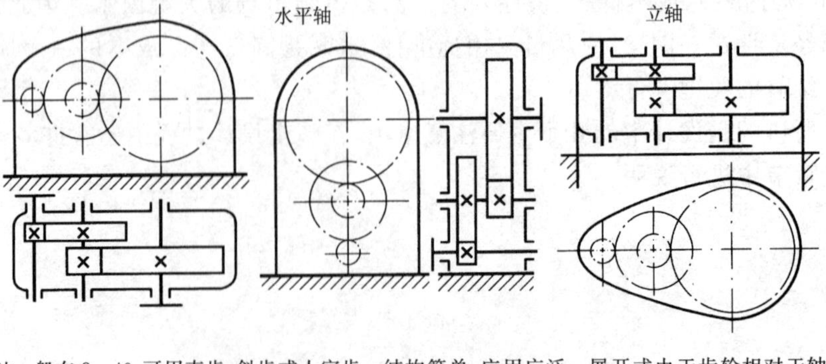 水平轴　立轴 传动比一般在8～40,可用直齿、斜齿或人字齿。结构简单,应用广泛。展开式由于齿轮相对于轴承为不对称布置,因而载荷分布不均匀,要求轴有较大的刚度。分流式则齿轮相对轴承对称分布,常用于大功率、变载荷的场合。同轴式长度方向尺寸小,但轴向尺寸大,中间轴较长、刚度差。两级大齿轮直径接近,有利于浸油润滑

续表 2.1

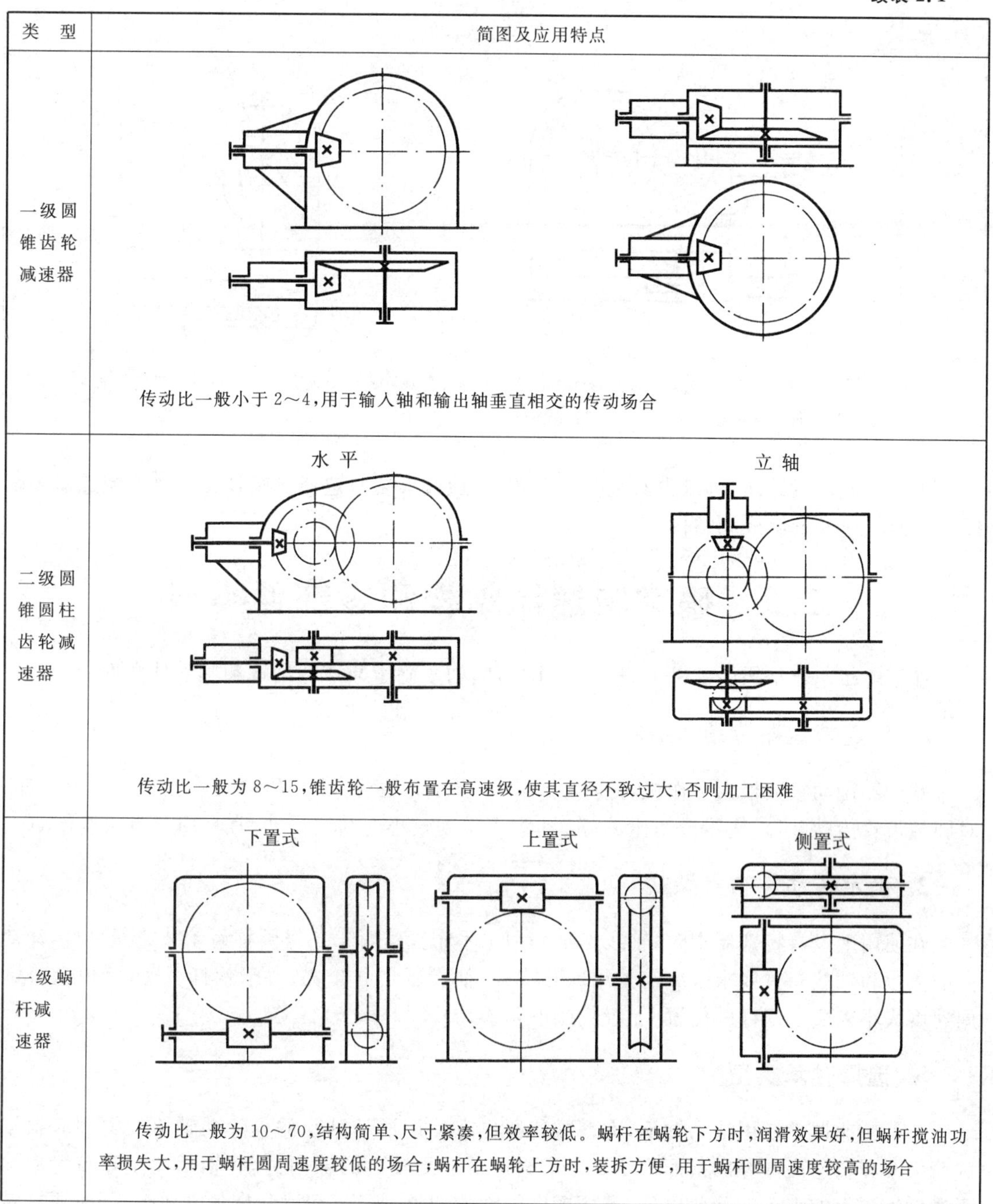

类　型	简图及应用特点
一级圆锥齿轮减速器	传动比一般小于 2～4,用于输入轴和输出轴垂直相交的传动场合
二级圆锥圆柱齿轮减速器	水平　立轴 传动比一般为 8～15,锥齿轮一般布置在高速级,使其直径不致过大,否则加工困难
一级蜗杆减速器	下置式　上置式　侧置式 传动比一般为 10～70,结构简单、尺寸紧凑,但效率较低。蜗杆在蜗轮下方时,润滑效果好,但蜗杆搅油功率损失大,用于蜗杆圆周速度较低的场合;蜗杆在蜗轮上方时,装拆方便,用于蜗杆圆周速度较高的场合

续表 2.1

类　型	简图及应用特点
齿轮-蜗杆减速器	水平　立轴 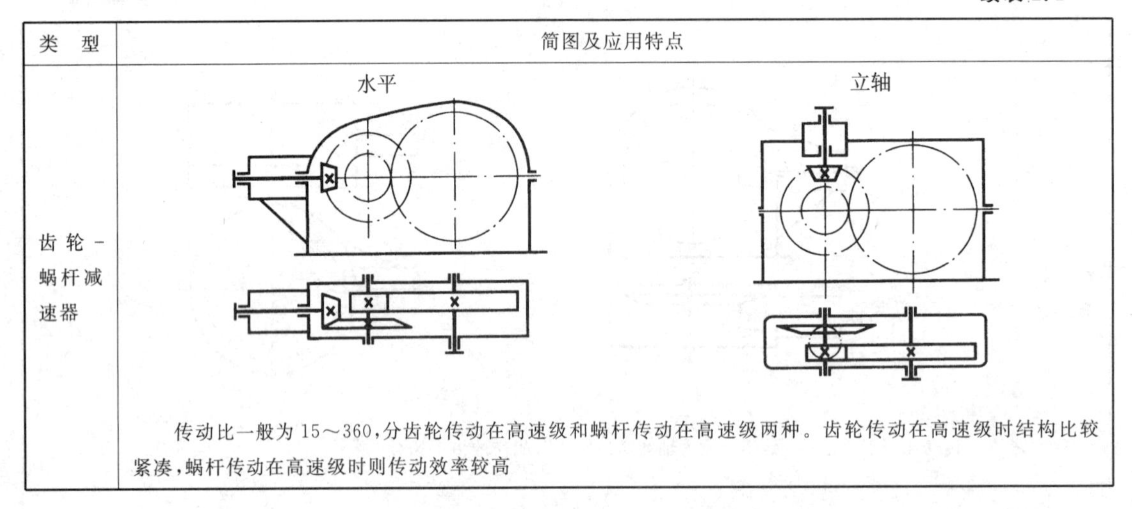 传动比一般为15～360，分齿轮传动在高速级和蜗杆传动在高速级两种。齿轮传动在高速级时结构比较紧凑，蜗杆传动在高速级时则传动效率较高

进行减速器设计前，可以先参观模型和实物，通过拆装减速器实验及阅读典型减速器装配图来了解减速器的组成和结构。

2.2　确定减速器结构和零部件类型

在了解减速器结构的基础上，根据工作条件，初步确定减速器结构和零部件类型。

1. 确定减速器传动级数

减速器传动级数根据工作机转速要求，由传动件类型、传动比和空间位置要求而定。如：对圆柱齿轮传动，当减速器传动比 $i \geqslant 8$ 时，为了得到较小的结构尺寸，宜采用二级减速传动。

2. 确定传动件布置型式

在使用上没有特别要求时，轴线尽量采用水平布置。对于二级圆柱齿轮减速器，由传动功率的大小和轴线布置要求来决定采用展开式、同轴式还是分流式；对于蜗杆减速器，由蜗杆圆周速度大小来决定蜗杆的位置(上置式或下置式)。

3. 选择轴承类型

一般减速器常使用滚动轴承，大型减速器也有使用滑动轴承的。滚动轴承的类型应根据载荷大小和转速高低等因素而确定。由于蜗杆轴承受较大的轴向力，其轴承类型和布置型式要考虑轴向力的大小。除此以外，还要考虑轴承的调整、固定、润滑和密封方式等，同时要确定轴承端盖结构型式。

4. 减速器的箱体结构

通常齿轮减速器箱体都采用沿齿轮轴线水平剖分的结构，有利于加工和装配；对蜗杆减速器的箱体可以沿蜗轮轴线剖分，也可采用整体箱体结构。

5. 选择联轴器的类型

联轴器类型的确定主要取决于轴转速的高低。对于高速轴常采用弹性联轴器，低速轴常采用可移式刚性联轴器。

2.3　分析和拟订传动方案

2.3.1　了解传动装置组成及分析传动方案特点

1. 传动装置的组成

机器一般都由原动机、传动装置和工作机三部分组成。而传动装置又包括传动件（齿轮传动、蜗杆传动、带传动等）和支承件（轴、轴承、箱体等）两部分。它在原动机与工作机之间传递力和运动，可以改变运动的形式、速度和转矩的大小。

2. 分析传动方案特点

设计时，传动方案用机构简图表示，它能简单明了地表示运动和动力的传递方式、路线及各部件的组成和连接关系。在课程设计中，如设计任务书已给定传动装置方案时，学生则应了解和分析该种方案的特点；若只给定工作机构的性能要求，学生则应根据各种传动的特点，确定出最优的传动方案，作总体布置，并绘制运动简图。传动方案是否合理，对整个设计影响很大，因此它是设计中的一个重要环节。

2.3.2　拟订传动方案

合理的传动方案必须满足工作机的功能要求，工作可靠，同时还应考虑使结构简单、尺寸紧凑、加工方便、成本低廉、传动效率高和使用维护方便等。一种方案要同时满足以上要求往往是有困难的，设计者应统筹兼顾，保证重点要求。设计时可同时考虑几个方案，通过分析对比，选择较为合理的一种。表 2.2 所列为图 2.1 所示带式运输机的三种传动方案的比较。

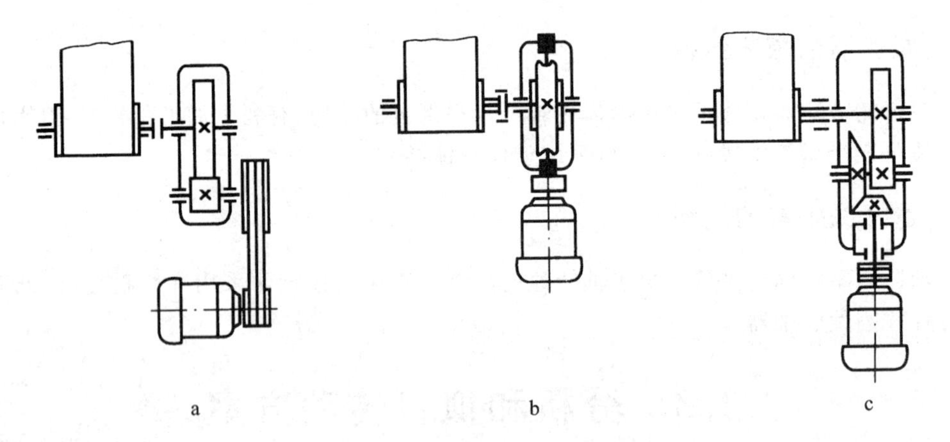

图 2.1 带式运输机的传动方案

表 2.2 带式运输机传动方案比较

传动方案	特 点
a	宽度和长度尺寸较大,带传动不适应繁重的工作条件和恶劣的工作环境,但若用于链式或板式运输机,有过载保护作用
b	结构紧凑,若在大功率和长期运转条件下使用,则由于蜗杆传动效率低,功率损失大,很不经济
c	宽度尺寸较小,适合于恶劣环境下长期连续工作,但圆锥齿轮加工比圆柱齿轮困难

2.3.3 合理布置传动顺序

当采用几种传动形式组成的多级传动时,要合理布置其传动顺序,一般情况下要考虑以下几点:

① 带传动承载能力低,传递相同扭矩时,其结构尺寸比其他传动型式大,但传动平稳,缓冲吸振,宜布置在高速级。

② 链传动运转不均匀,有冲击、振动,宜布置在低速级。

③ 蜗杆传动可以实现较大的传动比、结构紧凑、传动平稳,适合于中、小功率、间歇运动的场合;当与齿轮传动同时应用时,通常将蜗杆传动布置在高速级,使其传递较小的扭矩,以减小其结构尺寸,节约有色金属材料,同时齿面相对滑动速度高,有利于形成润滑油膜,传动效率高;若蜗轮材料采用铝铁青铜或铸铁时,宜布置在低速级,以使齿面滑动速度低,防止产生胶合或严重磨损。

④ 圆锥齿轮加工比较困难,特别是大模数圆锥齿轮,因此圆锥齿轮宜布置在高速级,并限制其传动比,以减小其直径和模数。

⑤ 斜齿轮传动的平稳性较直齿轮传动好，常用于高速级或要求传动平稳的场合。

⑥ 开式齿轮传动的工作环境差，润滑条件不好，磨损严重，应布置在低速级。

常见机械传动的主要性能如表 2.3 所列。

表 2.3 常见机械传动的主要性能

<table>
<tr><th colspan="3" rowspan="2">类 型</th><th rowspan="2">传递功率
P/kW</th><th rowspan="2">速度 v
/(m/s)</th><th colspan="2">效率 η</th><th colspan="2">传动比 i</th><th rowspan="2">特 点</th></tr>
<tr><th>开式</th><th>闭式</th><th>一般
范围</th><th>最大值</th></tr>
<tr><td colspan="3">普通 V 带传动</td><td>≤500</td><td>25～30</td><td>0.94～
0.97</td><td>—</td><td>2～4</td><td>≤7</td><td>传动平衡，噪声小，缓冲吸振，结构简单，轴间距大，成本低</td></tr>
<tr><td colspan="3">链传动</td><td>≤100</td><td>≤20</td><td>0.90～
0.93</td><td>0.95～
0.97</td><td>2～6</td><td>≤8</td><td>工作可靠，平均传动比恒定，轴间距大，适于恶劣工作环境</td></tr>
<tr><td rowspan="3">圆柱
齿轮
传动</td><td colspan="2">一级
开式</td><td rowspan="3">直齿≤750
斜齿、人字齿
≤50 000</td><td rowspan="3">7 级精度
≤25
5 级精度
以上的斜
齿轮
15～130</td><td rowspan="3">一对
齿轮
0.94～
0.96</td><td rowspan="3">一对
齿轮
0.96～
0.99</td><td>3～7</td><td>≤15～
20</td><td rowspan="4">承载能力和速度范围大，传动比恒定，结构尺寸小，工作可靠，效率高，寿命长；但制造安装精度要求高，噪声大，成本高</td></tr>
<tr><td colspan="2">一级
减速器</td><td>3～6</td><td>≤12.5</td></tr>
<tr><td colspan="2">二级
减速器</td><td>8～40</td><td>≤60</td></tr>
<tr><td colspan="3">一级圆锥齿轮传动</td><td>直齿≤1 000
曲线齿≤
15 000</td><td>直齿≤5
曲线齿
5～40</td><td>—</td><td>一对
齿轮
0.94～
0.98</td><td>2～3</td><td>≤6</td></tr>
<tr><td rowspan="2">蜗
杆
传
动</td><td rowspan="2">一
级
减
速
器</td><td>单
头</td><td>—</td><td>—</td><td>0.75～
0.75</td><td rowspan="2">—</td><td rowspan="2">10～40</td><td rowspan="2">≤80</td><td rowspan="2">结构紧凑，传动比小，传动平稳，噪声小，效率较低，制造安装精度要求较高，成本较高</td></tr>
<tr><td>双
头</td><td>—</td><td>—</td><td>0.75～
0.82</td></tr>
</table>

2.4 电动机的选择

电动机已经标准化、系列化。在设计中应根据工作机的特性、工作环境，工作载荷的大小和性质等选择电动机的类型、容量和转速，并在产品目录中查出其型号和尺寸。

2.4.1 电动机类型的选择

电动机有交流和直流电动机之分,一般工厂都采用三相交流电,因此多采用交流电动机。工业上应用最为广泛的是三相异步电动机,它结构简单,使用和维护方便。对于经常启动、制动及反转(如起重、提升设备等)的场合,宜选用 YZ(鼠笼型)或 YZR(绕线型)系列三相异步电动机;对于长期连续工作(如切削机床、风机等)的场合,宜采用一般用途的 Y 系列三相异步电动机。

各型号电动机的技术参数,如额定功率、满载转速、起动转矩和额定转矩之比、最大转矩和额定转矩之比、外形及安装尺寸等,可查阅有关机械设计手册或电动机产品目录。

2.4.2 确定电动机的功率

电动机功率的选择直接影响到电动机的工作性能和经济性能的好坏。如果所选电动机的功率小于工作要求,则不能保证工作机正常工作,使电动机经常过载而过早损坏;如果所选电动机功率过大,则电动机价格高,并经常不能满载运行,容量未得到充分利用,从而增加电能消耗、造成浪费。

对于长期连续运转、载荷不变或很小变化的机械,确定电动机功率的原则是电动机的额定功率稍大于电动机工作功率,这样电动机在工作时就不会过热,在一般情况下不必校验电动机的发热和启动力矩。

对于重复短时间工作的电动机或在变载下长期工作的电动机,其额定功率的选择方法可参考有关资料或采用类比法。

电动机工作时所需要的功率 P_0 为

$$P_0 = \frac{P_w}{\eta_a}$$

式中,P_0 为电动机功率,单位为 kW;

P_w 为工作机所需功率,单位为 kW;

η_a 为从电动机到工作机的总效率。

工作机所需功率 P_w 一般由机械的工作阻力和运动参数计算得到,即

$$P_w = \frac{Fv}{1\,000\eta_w}$$

或

$$P_w = \frac{Tn_w}{9\,550\eta_w}$$

式中,F 为工作机的生产阻力,单位为 N;

v 为工作机的速度,单位为 m/s;

T 为工作机的阻力矩，单位为 N·m；

n_w 为工作机的转速，单位为 r/min；

η_w 为工作机的效率。

总效率：

$$\eta_a = \eta_1 \eta_2 \eta_3 \cdots \eta_n$$

式中，η_1，η_2，η_3，…，η_n 为传动装置中各传动副（齿轮、蜗杆、带或链）、轴承、联轴器的效率，其值可在表 2.3 中选取。

计算总效率时需注意以下几点：

① 表 2.3 中给出的效率值为一范围时，一般取中间值。

② 同类型的几对运动副、轴承或联轴器，要分别考虑，单独计入总效率。注意：轴承的效率均指一对轴承的效率。

③ 蜗杆传动效率与蜗杆的头数和材料有关，设计时应先初选头数，估计效率，待设计出蜗杆的传动参数后再计算效率并校验电动机所需功率。

2.4.3　确定电动机的转速

同一功率的电动机可以有几种不同的转速。如三相感应电动机常用的有 3 000 r/min、1 500 r/min、1 000 r/min、750 r/min 四种同步转速。转速越高，电动机的外形尺寸越小，重量越轻，价格越便宜，效率越高。但当工作机转速较低时，选择转速过高的电动机，就会使传动比过大，这时减速器的传动比也相应增大，从而使减速器的结构尺寸、重量增加，成本也随之增大，同时减速器和电动机的外形结构尺寸相差大，安装上也有困难；低转速电动机则相反。因此，选择电动机转速时，应按具体情况进行分析和比较，一般多选用同步转速为 1 500 r/min 和 1 000 r/min 的电动机。

例 2-1　如图 2.1a 所示为带式运输机的传动方案。已知卷筒直径 $D=500$ mm，运输带的有效拉力 $F=6\ 000$ N，运输带速度 $v=0.5$ m/s，卷筒效率 0.96，在室内常温下长期连续工作，环境有灰尘，电源为三相交流电电压 380 V，试选择合适的电动机。

解：

1）选择电动机的类型

按已知的工作要求和条件，选用三相鼠笼型异步电动机，封闭结构，电压 380 V，Y 型。

2）选择电动机功率

电动机所需工作功率为

$$P_0 = \frac{P_w}{\eta_a}$$

$$P_w = \frac{Fv}{1\ 000\eta_w}$$

因此
$$P_0 = \frac{Fv}{1\ 000\eta_a\eta_w}$$

由电动机到运输带的传动总效率为：

$$\eta_a\eta_w = \eta_1 \cdot \eta_2^4 \cdot \eta_3^2 \cdot \eta_4 \cdot \eta_5$$

式中，η_1，η_2，η_3，η_4，η_5 分别为带传动、滚动轴承、齿轮传动(精度为8级，不包括轴承效率)、联轴器和卷筒的传动效率(已知)。

查表2.3得

$$\eta_1 = 0.96, \eta_2 = 0.98, \eta_3 = 0.97, \eta_4 = 0.99$$

且已知 $\eta_5 = 0.96$ 则

$$\eta_a\eta_w = \eta_1 \cdot \eta_2^4 \cdot \eta_3^2 \cdot \eta_4 \cdot \eta_5 = 0.96 \cdot 0.98^4 \cdot 0.97 \cdot 0.99 \cdot 0.96 = 0.81$$

故
$$P_0 = \frac{Fv}{1\ 000\eta_a\eta_w} = \left(\frac{6\ 000 \times 0.5}{1\ 000 \times 0.81}\right)\text{kW} = 3.8\ \text{kW}$$

3) 确定电动机的转速

卷筒轴的工作转速为

$$n_w = \frac{60 \times 1\ 000v}{\pi D} = \left(\frac{60 \times 1\ 000 \times 0.5}{3.14 \times 500}\right)\ \text{r/min} = 19.1\ \text{r/min}$$

按表2.3推荐的合理传动比范围，取V带传动的传动比 $i_1 = 2 \sim 4$，齿轮传动(二级)的传动比 $i_2 = 8 \sim 40$，则合理总传动比 $i_a = 16 \sim 160$，所以电动机转速的可选范围为

$$n_d = i_a \cdot n_w = [(16 \sim 160) \times 19.1]\ \text{r/min} = (306 \sim 3\ 056)\ \text{r/min}$$

从表14.1中可以看出，符合这一范围的同步转速有750、1 000、1 500、3 000 r/min 4种，可得4种方案，如例表2.1所列。

例表2.1

方　案	电动机型号	额定功率/kW	电动机转速/(r/min)		传动装置传动比		
			同步转速	满载转速	总传动比	带传动	减速器
1	Y112M-2	4	3 000	2 890	151.3	3.8	39.82
2	Y112M-4	4	1 500	1 440	75.4	3.5	21.54
3	Y132M1-6	4	1 000	960	50.3	2.8	17.96
4	Y160M1-8	4	750	720	37.7	2.5	15.08

综合考虑电动机和传动装置的结构尺寸、带传动和减速器的传动比，比较4个方案可知：方案3、4电动机转速较低，结构尺寸及重量大、价格高；方案1电动机转速高，但总传动比大，导致传动装置尺寸较大。因此，选定方案2电动机型号为Y112M-4，所选电动机的额定功率4 kW，满载转速1 440 r/min，总传动比适中，传动装置结构紧凑。所选电动机的主要外形和安装尺寸如例表题2.2所列。

例表 2.2　所选电动机的主要外形和安装尺寸

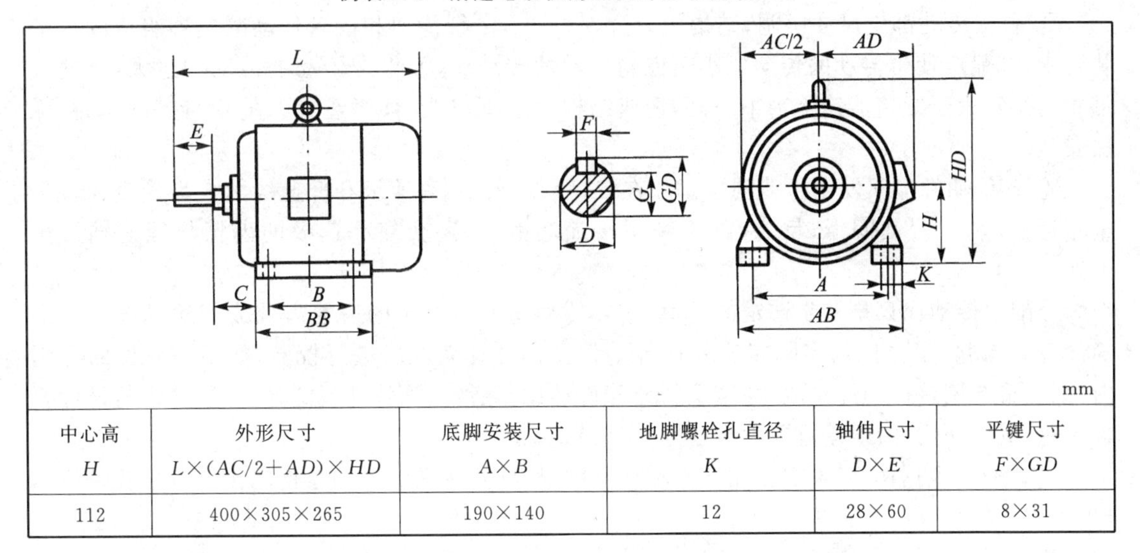

中心高 H	外形尺寸 $L\times(AC/2+AD)\times HD$	底脚安装尺寸 $A\times B$	地脚螺栓孔直径 K	轴伸尺寸 $D\times E$	平键尺寸 $F\times GD$
112	400×305×265	190×140	12	28×60	8×31

2.5　计算传动装置总传动比和分配传动比

2.5.1　总传动比

电动机确定后，由选定的电动机满载转速 n_m 和工作机转速 n_w 可求得传动装置的总传动比 i_a，即

$$i_a=\frac{n_m}{n_w}$$

传动装置的总传动比等于各级传动比的连乘积，即

$$i_a=i_1\cdot i_2\cdot i_3\cdots i_n$$

式中，$i_1,i_2,i_3,\cdots,i_n$ 分别为电动机到工作机的各级传动的传动比。

2.5.2　分配各级传动比

如何合理分配传动比是机械设计中的一个重要问题，它将影响到传动装置的结构尺寸、重量、成本等。分配传动比一般原则为：

① 各级传动比应在推荐的范围内选择，不能超过其最大值。各类传动比的推荐值如表 2.3 所列。

② 使各级传动装置的结构尺寸较小、重量较轻和中心距最小。

③ 各级传动都应尺寸协调、结构匀称合理。如：由带传动和齿轮传动减速器组成的传动装置中，一般应使带传动的传动比小于齿轮传动的传动比，如果带传动的传动比过大，会使大带轮的半径大于减速器输入轴中心高，造成结构尺寸不协调，甚至造成大带轮与底座相碰，无法安装。

④ 各传动件应不发生干涉现象。如在二级减速器中，高速级和低速级的大齿轮直径应尽量相近，以利于浸油润滑；反之，除不利于浸油润滑外，还会使高速级的齿轮与低速轴发生干涉。

分配的传动比只是初步选定的数值，实际传动比要由选定的齿轮齿数或带轮基准直径准确计算。因此，工作机的实际转速要在传动件设计计算完成后进行校验，如不在允许的范围内，则应重新调整传动件参数，甚至重新分配传动比。通常，除特殊规定外，一般允许与设计要求转速(或传动比)的误差范围为±(3%～5%)。

例2-2　根据例2-1的已知条件和计算结果，计算传动装置的总传动比并分配各级传动比。

解：

由例2-1知，电动机型号为Y112M-4，满载转速 $n_m=1\ 440$ r/min

1) 传动装置总传动比

$$i_a=\frac{n_m}{n_w}=\frac{1\ 440}{19.1}=75.4$$

2) 分配各级传动比

$$i_a=i_0\cdot i$$

式中，i_0，i 分别为带传动和减速器的传动比。

考虑到V带传动结构尺寸不致过大，初步选 $i_0=3.5$，则

$$i=\frac{i_a}{i_0}=\frac{75.4}{3.5}=21.54$$

3) 分配减速器的各级传动比

按展开式布置，考虑润滑条件，尽量使两级大齿轮的直径相近，参考相关资料取 $i_1=1.3i_2$，则 $i=i_1\cdot i_2=1.3i_2^2$，所以

$$i_2=\sqrt{\frac{i}{1.3}}=\sqrt{\frac{21.54}{1.3}}=4.07$$

$$i_1=\frac{i}{i_2}=\frac{21.54}{4.07}=5.29$$

2.6　传动装置的运动参数和动力参数的计算

当进行各级传动零件和轴的设计计算时，需知各轴上所传递的功率、转矩和转速。为了便

于计算，现将各轴由高速级至低速级分别设为Ⅰ轴、Ⅱ轴…，电动机轴为I_0，并且设

$i_0, i_1, \cdots$，分别为相邻两轴间的传动比；

$\eta_{01}, \eta_{12}, \cdots$，分别为相邻两轴间的传动效率；

$P_{\mathrm{I}}, P_{\mathrm{II}}, \cdots$，分别为各轴的输入功率，单位 kW；

$T_{\mathrm{I}}, T_{\mathrm{II}}, \cdots$，分别为各轴的输入转矩，单位 N·m；

$n_{\mathrm{I}}, n_{\mathrm{II}}, \cdots$，分别为各轴的转速，单位 r/min；

由电动机至工作机方向，得到各轴运动参数和动力参数的计算公式，如表 2.4 所列。

表 2.4　各轴运动参数和动力参数计算公式

轴　号	功率 P/kW	转矩 T/N·m	转速 n/(r/min)	传动比
I_0	P_0	$T_0=9\ 550\dfrac{P_0}{n_0}$	n_0	i_0
Ⅰ	$P_{\mathrm{I}}=P_0\cdot\eta_{01}$	$T_{\mathrm{I}}=T_0\cdot i_0\cdot\eta_{01}$	$n_{\mathrm{I}}=\dfrac{n_0}{i_0}$	
Ⅱ	$P_{\mathrm{II}}=P_{\mathrm{I}}\cdot\eta_{12}$	$T_{\mathrm{II}}=T_{\mathrm{I}}\cdot i_1\cdot\eta_{12}$	$n_{\mathrm{II}}=\dfrac{n_{\mathrm{I}}}{i_1}$	i_1

例 2-3　根据例 2-2 的条件，计算传动装置各轴的运动参数和动力参数。

解：

1）各轴的转速

Ⅰ轴：　$n_I=\dfrac{n_0}{i_0}=\left(\dfrac{1\ 440}{3.5}\right)\ \mathrm{r/min}=411.43\ \mathrm{r/min}$

Ⅱ轴：　$n_{\mathrm{II}}=\dfrac{n_I}{i_1}=\left(\dfrac{411.43}{5.29}\right)\ \mathrm{r/min}=77.78\ \mathrm{r/min}$

Ⅲ轴：　$n_{\mathrm{II}}=\dfrac{n_{\mathrm{II}}}{i_2}=\left(\dfrac{77.78}{4.07}\right)\ \mathrm{r/min}=19.11\ \mathrm{r/min}$

由简图可知，卷筒轴的转速 $n=19.11\ \mathrm{r/min}$

2）各轴的功率

Ⅰ轴：　$P_I=P_0\eta_{01}=(3.7\times0.96)\ \mathrm{kW}=3.56\ \mathrm{kW}$

Ⅱ轴：　$P_{\mathrm{II}}=P_I\eta_{12}=P_I\eta_2\eta_3=(3.56\times0.98\times0.97)\ \mathrm{kW}=3.38\ \mathrm{kW}$

Ⅲ轴：　$P_{\mathrm{II}}=P_{\mathrm{II}}\eta_{23}=P_{\mathrm{II}}\eta_2\eta_3=(3.38\times0.98\times0.97)\mathrm{kW}=3.21\ \mathrm{kW}$

卷筒轴：$P=P_{\mathrm{II}}\eta_{34}=P_{\mathrm{II}}\eta_4\eta_5=(3.21\times0.98\times0.99)\ \mathrm{kW}=3.11\ \mathrm{kW}$

3）各轴转矩

电动机轴：$T_0=9\ 550\dfrac{P_0}{n_0}=9\ 550\times\left(\dfrac{3.7}{1\ 440}\right)\ \mathrm{N\cdot m}=24.54\ \mathrm{N\cdot m}$

Ⅰ轴：　$T_{\mathrm{I}}=T_0 i_0\eta_{01}=T_0 i_0\eta_1=(24.54\times3.5\times0.96)\ \mathrm{N\cdot m}=82.45\ \mathrm{N\cdot m}$

Ⅱ轴：　$T_{\mathrm{II}}=T_{\mathrm{I}}i_1\eta_{12}=T_{\mathrm{I}}i_1\eta_2\eta_3=(82.45\times5.29\times0.98\times0.97)\ \mathrm{N\cdot m}=414.61\ \mathrm{N\cdot m}$

Ⅲ轴：　　$T_{\text{Ⅲ}}=T_{\text{Ⅱ}}i_2\eta_{23}=T_{\text{Ⅱ}}i_2\eta_2\eta_3=(414.61\times4.07\times0.98\times0.97)\ \text{N}\cdot\text{m}=1\,604.1\ \text{N}\cdot\text{m}$

卷筒轴：$T=T_{\text{Ⅲ}}\eta_{34}=T_{\text{Ⅲ}}\eta_4\eta_5=(1\,647.35\times0.98\times0.99)\ \text{N}\cdot\text{m}=1\,556.29\ \text{N}\cdot\text{m}$

为了方便以后使用，现将计算数值列于例表 2.3。

例表 2.3

轴　号	功率 P/kW		转矩 T/(N·m)		转速 n/(r/min)	传动比 i	效率 η
	输　入	输　出	输　入	输　出			
Ⅰ₀	—	3.7	—	24.54	1 440	3.5	0.96
Ⅰ	3.56	3.45	45	44.1	411.43	5.29	0.95
Ⅱ	3.38	3.31	414.61	406.32	77.78	4.07	0.95
Ⅲ	3.21	3.12	1 604.1	1 572.02	19.11	1.00	0.97
卷筒轴	3.11	—	1 598.26	—	19.11		

注：Ⅰ、Ⅱ、Ⅲ轴的输出转矩分别为输入转矩×轴承效率。

第3章　传动零件的设计

在设计减速器的装配图前，需先进行传动零件的设计计算，它包括确定出传动零件的材料、主要参数、尺寸大小和结构型式。传动零件包括箱外传动零件（如带传动、链传动、开式齿轮传动等）和箱内传动零件（齿轮传动、蜗杆传动等）两部分。为了使设计减速器的原始条件比较准确，一般先设计计算减速器的箱外传动件，这些传动件的参数确定后，减速器箱外传动零件的传动比也就确定了，此时应检查开始设计计算的运动及参数有无变化，如有变化，应及时作相应修改；然后设计计算减速器的箱内传动件。

例如，例2.1a带式运输机传动装置，箱外传动零件是V带传动，箱内传动零件是圆柱齿轮传动。设计时，应先设计计算V带传动，再设计计算圆柱齿轮传动。

3.1　箱外传动件的设计

箱外传动零件只需确定主要参数和尺寸，其设计计算按机械设计基础教材所述，这里不再进行详细的结构设计计算，仅就应注意的问题作一说明。减速器装配图上一般不画箱外传动零件。

3.1.1　带传动

① 带传动设计的主要内容包括：确定V带的型号、长度、根数、传动中心距、安装轴上压力大小和方向、带轮的材料和结构，并计算带传动的实际传动比和传动张紧装置等。

② 在V带传动的主要尺寸确定后，应注意检查带轮尺寸与传动装置外廓尺寸及安装尺寸是否合适、有无干涉。如小带轮直径选定后，要注意检查小带轮外圆半径是否小于电动机的中心高，小带轮轴孔的直径、长度应与电动机轴的直径、长度相适应，带轮轮毂长度 L 与带轮的宽度不一定相同，一般轮毂长度 L 按轴孔直径 d 确定，常取 $L=(1.5\sim2)d$；大带轮的直径选定后，要注意检查它与箱体尺寸是否适合，否则会与箱体底座相干涉。

③ 应计算出带的初拉力，以便安装时检查，并根据具体条件考虑是否设置张紧装置等。并计算出轴上的压力，以便设计轴和轴承时使用。

④ 带轮直径选定后，应验算实际传动比和大带轮的转速，并以此修正减速器的传动比和输入转矩。

3.1.2 链传动

① 应使链轮直径、结构尺寸等与减速器、工作机相匹配。应根据所选链轮齿数计算实际传动比,并考虑是否修正减速器的传动比。

② 如果选用单列链尺寸过大时,应改为双列链,以尽量减少节距。

③ 应选定润滑方式和润滑剂的牌号。

④ 画链轮结构图时,只需画其轴面齿形图,链轮的齿形可不画。

3.1.3 开式齿轮传动

① 开式齿轮工作环境差、润滑条件不好,磨损严重,一般只需计算轮齿弯曲强度。为延长其使用寿命,一般将计算所得的模数再增大10%～20%。

② 应选择具有良好减摩和耐磨性能的材料作为齿轮材料。选择大齿轮材料时应考虑毛坯尺寸和制造方法。

③ 由于开式齿轮的支承刚度小,其齿宽系数应取小些,以减轻轮齿的载荷集中。

④ 开式齿轮传动一般布置在低速级,并常采用直齿圆柱齿轮。

⑤ 应检查齿轮尺寸与传动装置、工作机是否适合、有无干涉等。应按齿轮的齿数计算实际传动比,并考虑是否修正减速器的传动比。

3.2 箱内传动件的设计

减速器的箱外传动件设计完成后,应检查开始设计计算的运动及参数有无变化,如有变化,应及时作相应修改,然后设计计算减速器的箱内传动件。

3.2.1 圆柱齿轮传动

硬齿面闭式齿轮传动的承载能力主要取决于轮齿的弯曲强度,设计时应根据轮齿的弯曲强度条件计算,然后校核齿面的接触强度。软齿面闭式齿轮传动,由于齿面的接触疲劳强度低,设计时应先按齿面接触疲劳强度进行计算,确定中心距或小齿轮分度圆直径后,选择齿数和模数,然后校核轮齿的弯曲强度。具体的设计方法和步骤参考教材,这里只讨论应注意的事项。

① 在选用齿轮的材料前,应先估计大齿轮的直径,并注意毛坯制造方法。如果大齿轮直径较大,则多采用铸钢或铸铁材料;根据设备能力,一般齿轮直径 d 小于等于500 mm时,也可

采用锻造或铸造毛坯；而当齿轮直径大于500 mm时，多采用铸造毛坯。若小齿轮齿根圆直径与轴径接近时，齿轮与轴可做成一体(齿轮轴)，选用材料时应兼顾轴的要求。同一减速器的各个齿轮的材料应尽可能一致，以减少材料的种类，降低加工工艺要求。

② 合理确定参数，一般取小齿轮的齿数 $z_1=20\sim40$。因为当齿轮传动中心距一定时，齿数多会增加重合度，这既提高传动平稳性，又降低滑动系数，减少磨损和胶合，因此在保证轮齿齿根弯曲强度下，小齿轮的齿数 z_1 可取大一些。但要注意，对传递动力的齿轮，其模数应大于1.5～2 mm。

③ 齿轮的模数必须标准化，齿轮分度圆直径、齿顶圆直径等必须准确计算。齿宽应圆整为整数，并且小齿轮的齿宽一般比大齿轮大5～10 mm。中心距应圆整为整数，可通过改变模数 m 和齿数 z 或采用变位齿轮来实现。

3.2.2　圆锥齿轮传动

圆锥齿轮传动除圆柱齿轮传动需注意的各点外，还需注意：

① 圆锥齿轮以大端模数为标准，几何尺寸按大端模数计算。

② 两轴交角为90°时，由传动比确定齿数后，分度圆锥角即由齿数比确定，应准确计算，不能圆整。

③ 圆锥齿轮传动，大小齿轮宽度应相等。

3.2.3　蜗杆传动

① 蜗杆传动的特点是滑动速度大，所以蜗杆副材料要求有良好的跑合性和耐磨性，不同的蜗杆副材料，适用的相对滑动速度范围不同，因此选材料时要初估相对滑动速度。待蜗杆传动尺寸确定后，应校核滑动速度和传动效率，如与初估值相差较大，则应重新修正计算。

② 蜗杆传动的强度与模数、齿数及蜗杆直径系数有关。设计时模数 m 和蜗杆分度圆直径 d_1 要符合标准规定。在确定 m、d_1、z_2 后，计算中心距应尽量圆整其尾数值为0或5。此时，为保证几何关系，可对蜗杆传动进行变位处理。

③ 蜗杆和蜗轮的螺旋线方向应尽量取成右旋，以便于加工。蜗杆转动方向由工作机转动方向及蜗杆螺旋线方向确定。

④ 蜗杆位置由蜗杆圆周速度决定，当蜗杆分度圆圆周速度小于4～5 m/s时，取蜗杆下置。

⑤ 如进行蜗杆强度及刚度验算或蜗杆热平衡计算时，应先画装配草图，确定蜗杆支点距离和机体轮廓尺寸后才能进行。

⑥ 蜗杆和蜗轮的结构尺寸，除啮合尺寸外，均应进行圆整。

3.3 联轴器的选择

在传动装置中,一般都有两个联轴器:一个用于连接电动机轴与减速器高速轴,另一个用于连接减速器低速轴与工作机轴。

常用的联轴器大多已经标准化和规格系列化了,选择时,首先要根据工作条件选择合适的联轴器类型,再根据传递的转矩大小、轴径和转速选择联轴器的规格。

选用时,对于高速轴一般应选用具有较小惯量的弹性联轴器,如弹性柱销联轴器等,主要是为了减小启动载荷、缓和冲击。对于低速轴一般应选用挠性联轴器,如十字滑块联轴器等,主要是由于所连接轴的转速较低,传递转矩较大,减速器与工作机常常不在同一底座上而要求有较大的轴线偏移补偿。

第4章　减速器结构设计

4.1　减速器简介

减速器是用于原动机和工作机之间的封闭式机械传动装置，它主要用来降低转速。由于减速器结构紧凑、效率高、寿命长、传动准确可靠、使用维修方便，得到了广泛应用。

减速器的类型很多，常用的分类方法有：按传动类型和结构特点可分为圆柱齿轮减速器、圆锥齿轮减速器、蜗杆减速器、齿轮－蜗杆减速器和行星齿轮减速器等；按传动级数可分为一级、二级和多级减速器；按轴线排列可分为卧式和立式减速器；按传递功率的大小可分为小型、中型和大型减速器。

减速器在机械设备上应用十分广泛。为了缩短设计时间、生产周期和降低成本，我国已制定出减速器标准系列。在生产实际中，标准减速器不能完全满足机器各种各样的功能要求，常常还要自行设计非标准减速器。非标准减速器有通用和专用两种，下面主要介绍通用减速器的结构设计。

4.2　减速器的结构组成

通用减速器的结构已基本定型，其主要由箱体、轴、轴上零件、轴承部件、密封装置及减速器附件等部分组成。下面以图4.1所示一级圆柱齿轮减速器的结构图为例，介绍减速器的结构组成及附件的名称和作用。

4.2.1　齿轮、轴及轴承组合

1. 齿轮结构

图4.1中小齿轮与高速轴制成一体，称为齿轮轴（件号16）。是否采用这种结构主要考虑齿轮的齿根圆直径 d_f 与齿轮配合的轴的直径 d 尺寸的相差大小：当 $d_f < 1.8d$ 时适用于这种结构；当 $d_f \geq 1.8d$ 时齿轮与轴分开制造；大齿轮（件号32）和低速轴（件号20）须分开制造。

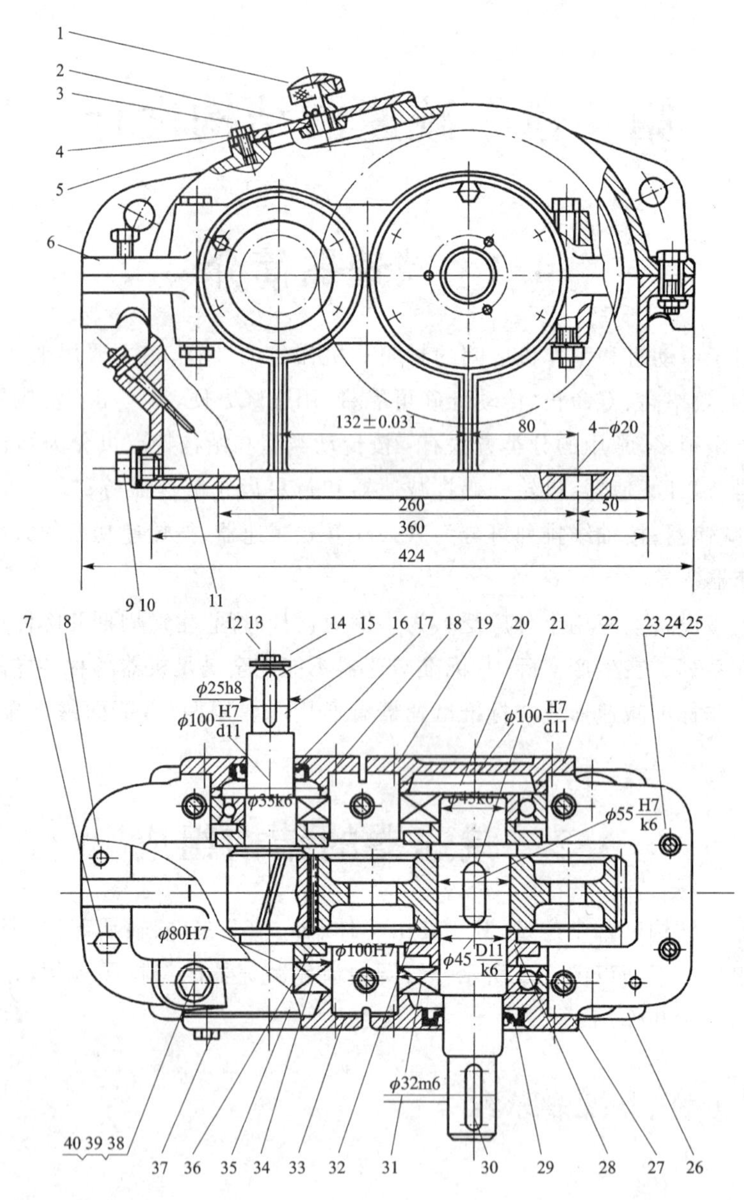

1—通气器；2—检查孔；3、19、37—螺钉；4—窥视孔用检查盖；5—垫片；6、26—箱体；7—启盖螺钉；8—圆锥形定位销；9—螺塞；10—封油垫；11—油尺；12、13、14—轴组件；15、21、30—平键；16—齿轮轴；17、29—毡圈；18、22、27、33—轴承盖；20—低速轴；23、24、25、38、39、40—螺柱、垫圈、螺母；28—轴套；31、34—角接触球轴承；32—大齿轮；35—密封圈；36—挡油环；

图 4.1 一级圆柱齿轮减速器

2. 轴和轴上零件的轴向定位和固定

轴两端采用角接触球轴承(件号 31,34)作为支承,承受径向载荷和轴向载荷并限制了轴的双向轴向移动。轴上零件利用轴肩、轴套(件号 28)和轴承盖(件号 18、22、27、33)作轴向固定,轴承间隙用垫片进行调整。

3. 轴上零件的周向固定

大齿轮和低速轴用平键(件号 21)做周向固定,滚动轴承和轴用过盈配合做周向固定。

4. 齿轮和轴承的润滑

齿轮采用浸油润滑,即靠大齿轮浸入箱体内的油池中,当齿轮转动时,将润滑油带到啮合表面进行润滑。轴承采用飞溅润滑,即靠齿轮溅起的润滑油被甩到箱盖内壁上,顺着箱盖内壁流入箱座的油槽中,再沿油槽经轴承盖上的缺口进入轴承内进行润滑。

5. 滚动轴承的密封

为防止在轴外伸端处润滑油流失以及防止外界灰尘、水分等浸入轴承,采用了毡圈(件号 17、29)进行密封。因斜齿轮有轴向排油作用,迫使润滑油冲向轴承,为防止润滑油冲刷轴承,增加搅油损失,同时为防止热油冲刷轴承,使轴承温度增高,轴承内侧装有封油环(件号 28)。

4.2.2 箱 体

箱体是减速器的一个重要零件,它用来支承和固定轴系零件,保证传动零件的正确啮合,使箱内零件具有良好的润滑和密封。

箱体的形状较为复杂,其重量约占整个减速器总重量的一半,因此,箱体结构设计对减速器的工作性能、制造工艺、材料消耗、重量及成本等有很大影响,设计时必须全面考虑。

4.2.3 减速器的主要附件

1. 窥视孔及窥视孔盖

窥视孔是用于检查传动零件的啮合情况、齿侧间隙接触斑点及润滑情况。通过窥视孔也可向箱体内注入润滑油,为了减少油内杂质,可在窥视孔口处装一过渡网。窥视孔应设置在箱盖顶部能够直接观察到齿轮啮合部位的地方,其大小视减速器的大小而定,但至少应能将手伸入检查孔内,以便检查齿轮啮合情况。窥视孔用检查盖(件号4)、垫片(件号5)和螺钉加以封闭,以防润滑油向外渗漏和杂物进入箱体。

2. 放油螺塞

为排放污油和清洗剂,应在油池的最低位置处开设排油孔。平时排油孔用带有细牙螺纹的螺塞(件号9),封油垫(件号10)把孔封闭,以防漏油。

3. 油面指示器

为检查减速器内油面的高度,以确保油池内油量适当,一般在箱体便于观察、油面较稳定的部位装设油面指示器。油面指示器有油标和油尺两类。图4.1中采用的油面指示器为油尺(件号11)。

4. 通气器

减速器工作时,箱体内油温会升高,压力会增大,使箱体气体膨胀。热胀的空气可以通过通气器自由地排出,以保持箱体内外压力平衡,防止润滑油从箱体分界面和外伸轴密封处泄漏。通气器多装在箱体顶部或观察孔盖上。图4.1中采用的通气器(件号1)结构较简单,用于工作环境较为清洁的场合。

5. 定位销

为了保证剖分式箱盖和箱座的装配精度,以保证每次拆装后,轴承座的上、下半孔始终保持制造加工时的精度,应在精加工轴承孔前,在箱盖和箱座的连接凸缘上各装配一个圆锥定位销。圆锥定位销相距尽量远些,以提高定位精度。圆锥定位销不应对称于箱体对称轴布置,以免装错(尤其对完全对称的蜗杆减速器)。圆锥定位销长度应稍大于箱盖和箱座凸缘厚度之和,以便于拆装。图4.1中圆锥形定位销(件号8)安装于箱体两侧的连接凸缘上。

6. 启盖螺钉

在减速器箱盖与箱座联接凸缘处的结合面上,为了密封通常涂有密封胶。拆卸时为便于开启箱盖,常在箱盖连接凸缘的适当位置,设置1~2个圆柱端或平端的启盖螺钉。图4.1中启盖螺钉安装在箱盖左侧凸缘处(件号7)。

7. 起吊装置

为了便于拆装、搬运,通常在箱盖上铸有吊耳或装有吊环螺钉。图4.1中箱座左右两端铸有吊钩,箱盖左右两端铸有吊耳。

8. 轴承盖

为固定轴系部件的轴向位置并承受轴向载荷，轴承座孔两端装有轴承盖。轴承盖有螺钉连接式及嵌入式两种。图 4.1 中采用的是螺钉连接式轴承盖，用螺钉（件号 37）固定在箱体上。根据轴是否穿过轴承盖可将轴承盖分为透盖和闷盖两种。透盖中间有孔，轴的外伸端穿过此孔伸出箱体，闷盖中间无孔，用在轴的非外伸端。图中件号 18 和件号 27 为螺钉连接式透盖，件号 22 和件号 33 为螺钉连接式闷盖。

9. 挡油盘

当轴承用润滑脂时，为防止轴承中的润滑脂被箱体中润滑油浸入而稀释或变质，应在轴承朝向箱体内壁的一面安装挡油盘。当轴承用润滑油润时，有时为防止过多的热油流入轴承，也需要安装挡油盘。

4.3　箱体的结构设计

4.3.1　箱体的结构形式

按毛坯制造方法不同，箱体可分为铸造箱体与焊接箱体，图 4.1 中箱体（件号 6、26）是由灰铸铁铸造成的。在设计铸造箱体时应考虑其工艺特点，尽量使壁厚均匀、过渡平缓，铸件的箱壁不可太薄，砂型铸造圆角半径一般大于等于 5mm。按剖分与否可分为剖分式箱体和整体箱体；按外形结构不同可分为平板式箱体和凸出式箱体。

1. 铸造箱体和焊接箱体

箱体一般用灰铸铁（HT150 或 HT200）制成，重型减速器的箱体也有用铸钢制造的，以提高强度。铸造箱体适于成批生产，容易得到合理和复杂的外形，但重量较大。

在单件生产中，特别是大型减速器，为了减轻重量和缩短生产周期，常采用钢板焊接箱体，如图 4.2 所示。焊接箱体比铸造箱体一般轻 1/4～1/2，生产周期短，但焊接时易产生热变形，所以要求较高的焊接技术并在焊后做退火热处理以消除内应力。

2. 剖分式箱体和整体式箱体

剖分式箱体便于减速器的安装、维修，故应用较为广泛。其剖分面多与传动件轴线平面重合，如图 4.1 所示。一般情况下，减速器只有一个水平剖分面，但在某些水平轴在垂直面内排列的减速器也可采用两个剖分面，以便于制造和安装，如图 4.3 所示。在多级传动中，为了减

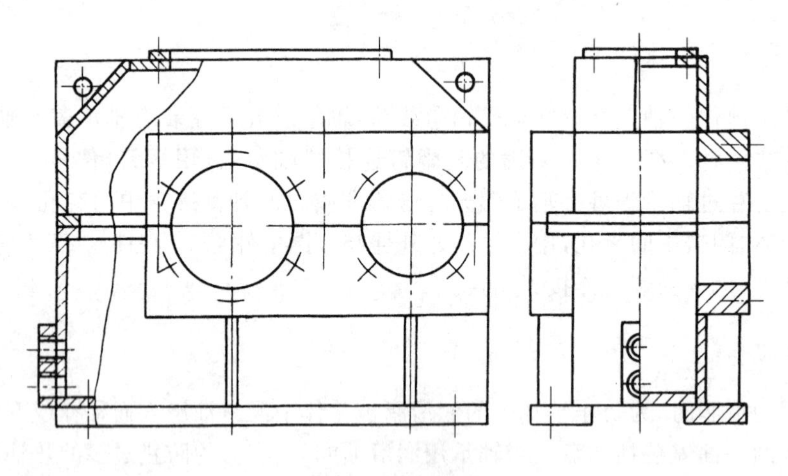

图 4.2 焊接箱体

小箱体的结构尺寸,提高孔的加工精度,有的轴线也可以不设置在剖分面上,如图 4.4 所示。

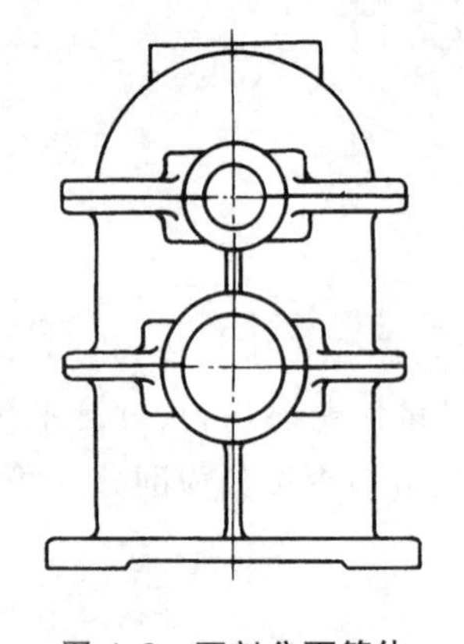

图 4.3 两剖分面箱体

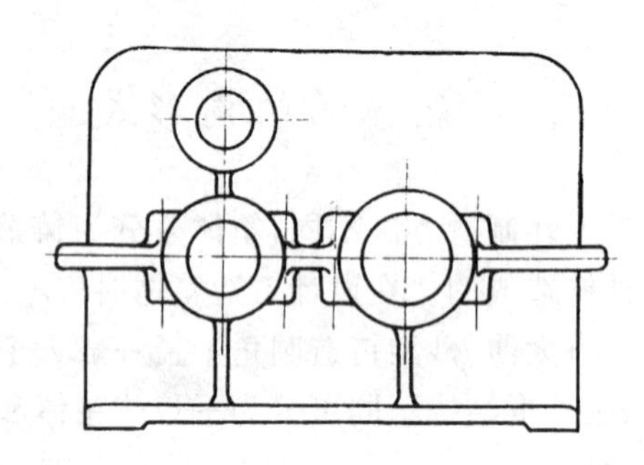

图 4.4 多级传动用箱体

整体箱体结构紧凑,具有孔的加工精度高、零件数量少、重量轻等特点,但装配较为复杂。常用于小型圆锥齿轮和蜗杆减速器。

减速器箱体还可按外形来分类,如平板式箱体和凸出式箱体等,但究竟采用哪种形式的箱体,要根据具体的情况分析,既要满足工作需要,又要便于制造和安装。

4.3.2 箱体结构设计应考虑的问题

1. 箱体要具有足够的刚度

为了避免箱体在加工和工作过程中产生不允许的变形,而引起的轴承座中心线歪斜、传动偏载等影响减速器正常工作的问题，设计时要注意以下几点。

(1) 合理确定箱体的形状

箱体的形状直接影响它的刚度。首先要确定合理的箱座壁厚。在相同壁厚情况下，增加箱体底面积及箱体轮廓尺寸，可以增大抗弯扭的惯性矩，有利于提高箱体的整体刚性。

(2) 轴承座应有足够的壁厚

当轴承座孔采用凸缘式轴承盖时，由于安装轴承盖螺钉的需要，所确定的轴承座壁厚已具有足够的刚度。使用嵌入式轴承盖的轴承座时，一般应取与使用凸缘式轴承盖时相同的厚度。

(3) 合理设计肋板

在箱体的受载集中处设置肋板，可以明显提高局部刚度。一般减速器采用平壁式箱体加外肋板箱体结构，如图 4.5a 所示。大型减速器也可以采用凸壁式箱体结构，它相当于双内肋板，如图 4.5b 所示，其刚度大，外形整齐，但制造工艺较复杂。

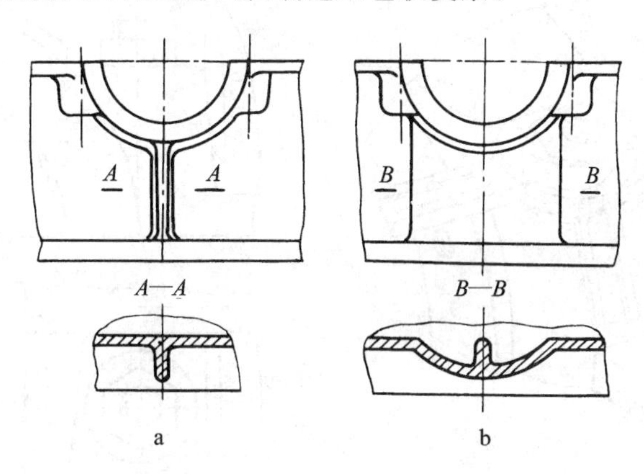

图 4.5　箱体加肋形式

(4) 设置凸台

为提高剖分式箱体轴承座的连接刚度，轴承座孔两侧的联接螺栓应尽量靠近，但不能与端盖螺钉孔及箱内输油沟发生干涉。同时，在轴承座孔两旁应设置凸台，如图 4.6 所示。但凸台高度要保证安装时有足够的扳手空间，如图 4.7 所示。有关凸台的尺寸，参照表 4.1 的 C_1C_2 值，在画图时确定。

表 4.1　C_1C_2 值

mm

螺栓直径	M8	M10	M12	M16	M24	M30
C_{1min}	13	16	18	22	34	40
C_{2min}	11	14	16	20	28	34
沉头座直径	20	24	26	32	48	60

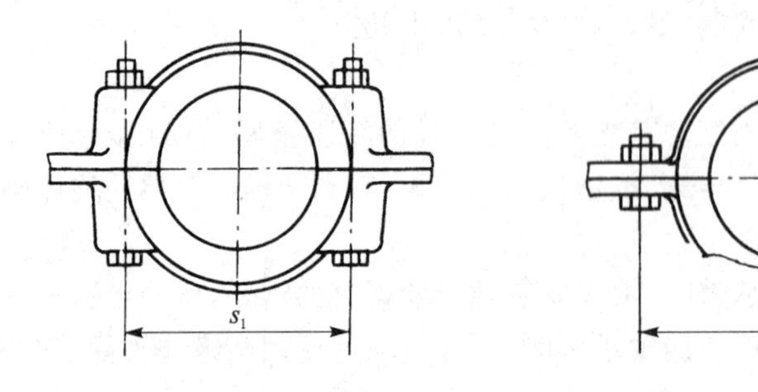

图 4.6　轴承座联接刚性对比

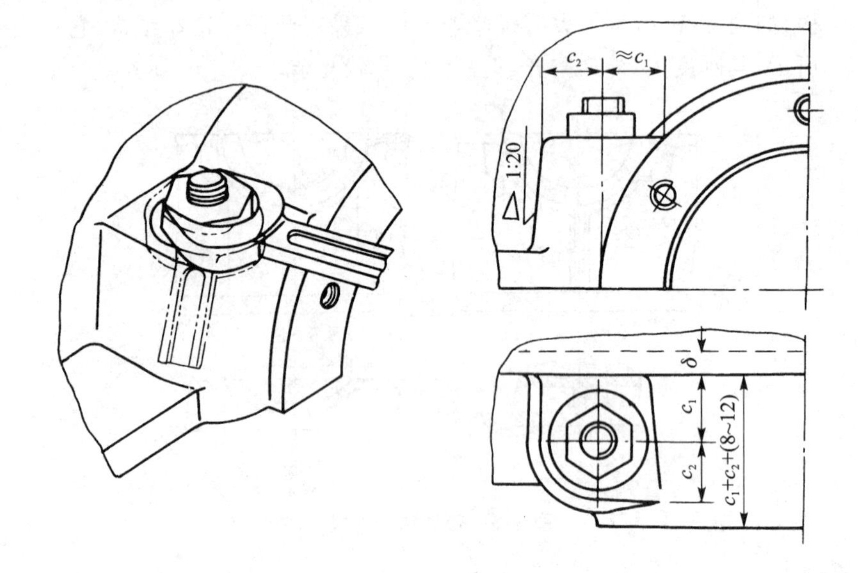

图 4.7　凸台结构

轴承座孔两侧螺栓的距离 S 的确定：S 一般与凸缘式轴承盖的外圆直径相同。如图 4.6 所示，设置凸台，S_1 较小，轴承座刚性大；不设凸台，S_2 过大，轴承座刚性差。设计轴承座凸台时，在保证扳手空间的同时其高度尽量一致，可先确定最大轴承座的凸台尺寸，然后定出其他凸台尺寸。

(5) 凸缘应有一定厚度

为了保证箱座与箱盖的连接刚度，箱座与箱盖的连接凸缘应较箱壁 $\delta(\delta_1)$ 厚一些，约为 $1.5\delta(\delta_1)$。为了保证箱体底座的刚度，底面宽度 B 应超过内壁位置，如图 4.8 所示。

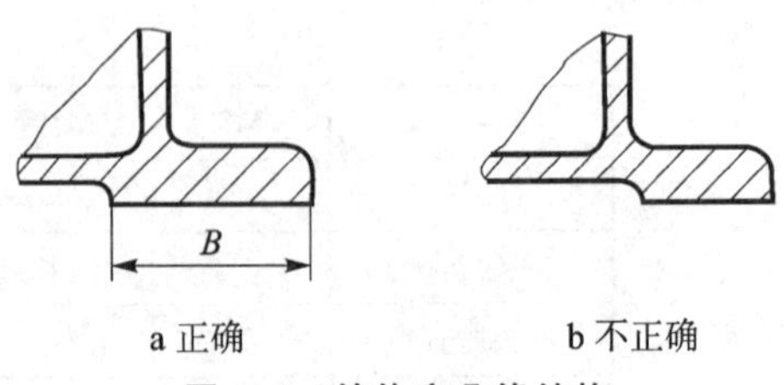

图 4.8　箱体底凸缘结构

2. 箱体应有可靠的密封并便于传动件润滑和散热

为了保证箱盖与箱座结合面的密封性,对结合面的几何精度和表面粗糙度应有一定的要求。为了提高结合面的密封性,在箱座连接凸缘上需铣出和铸出输油沟,使渗向结合面的润滑油流回油沟,如图 4.9 所示。在用油润滑的轴承中,油沟中的油将被用来润滑轴承,当轴承采用脂润滑时,则不需要制出回油沟。

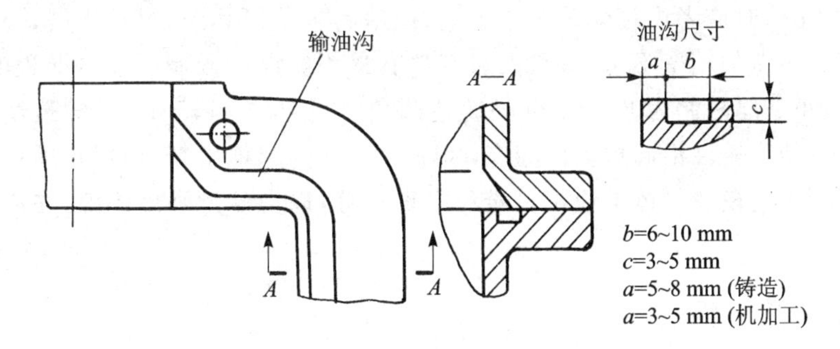

图 4.9　输油沟

对于大多数减速器,由于其传动件的圆周速度 $v \leqslant 12$ m/s,故常采用浸油润滑(当速度 $v>12$ m/s 时应采用喷油润滑)。因此,箱体内需有足够的润滑油,用以润滑和散热。

传动件的浸油深度 H_1 一般为 1 个齿高,但不应小于 10 mm。为避免搅油功率损失过大,传动件的浸油深度不应超过其分度圆半径的 1/3,为避免搅油时将底部的脏油带起,大齿轮齿顶到油池底的距离 H_2 应大于 30～50 mm,如图 4.10 所示。

对于蜗杆减速器,由于发热大,应进行热平衡计算。若经过计算不符合要求,则可适当增加箱体尺寸或增设散热片或风扇,如图 4.11 所示。

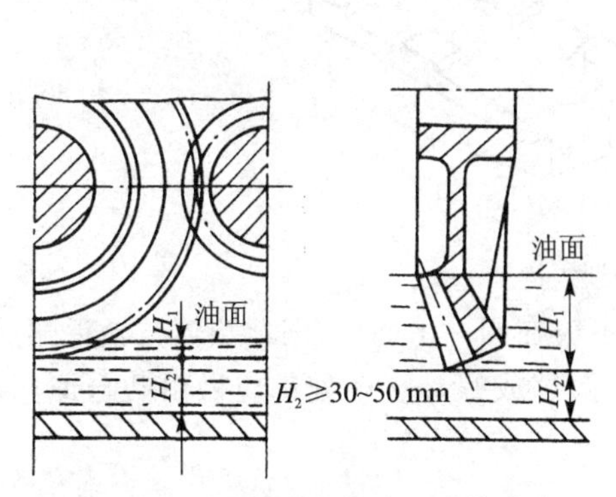

图 4.10　油池深度和搅油深度的确定

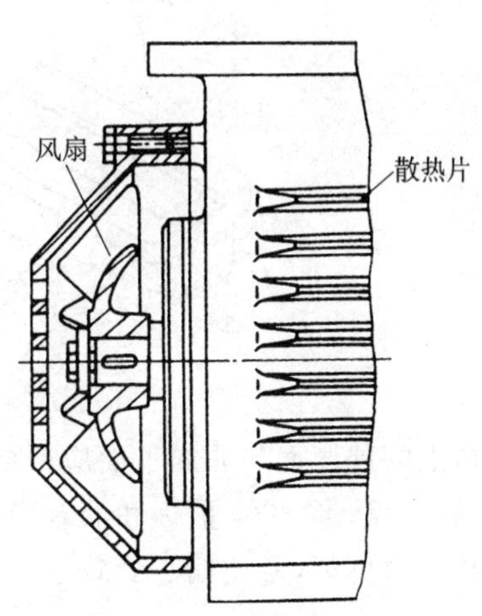

图 4.11　蜗杆减速器的散热

4.3.3 箱体结构的工艺性

箱体结构的工艺性对箱体的质量和成本,以及对加工、装配、使用和维修都有直接影响。

1. 铸造工艺性

在设计铸造箱体时应考虑箱体的铸造工艺特点,力求壁厚均匀,过渡平缓,金属无局部积聚,起模容易等。铸造的箱壁不可太薄,一般铸件有最小壁厚的限制。在本课程的设计中,对箱盖及箱体的最小壁厚限制为8 mm,砂型铸造圆角半径可取 $r \geqslant 5$ mm。铸造箱体的外形应简单,以使起模方便。铸件沿起模方向应有1:10～1:20的起模斜度,应尽量减少沿起模方向的凸起结构,以利于起模。箱体上应尽量避免出现狭缝,以免砂型强度不够,在浇注和起模时易形成废品。

2. 机械加工工艺性

为了提高生产率,减少刀具磨损,节省原材料,应尽可能减少机械加工面积,如箱座底面可设计成图4.12(b)、图4.12(c)和图4.12(d)所示的结构形式,不采用图4.12a的结构。对于螺栓头部或螺母支承面,可采用局部加工的方法,即设计成凸台或沉头座,如图4.13所示。

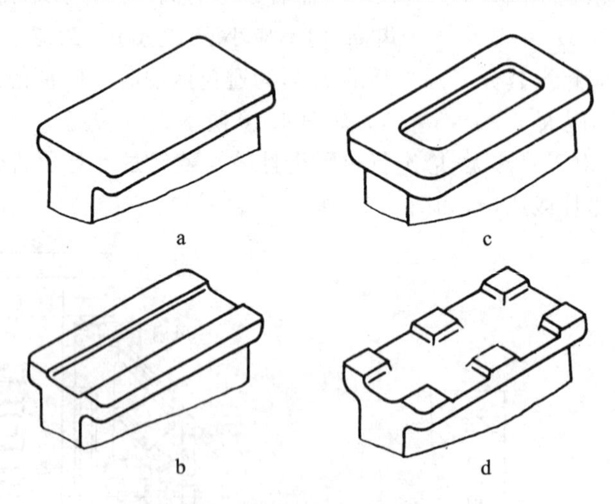

图4.12 箱座底面结构

箱体上的加工面与非加工面应严格分开,并且不应在同一平面内,因此箱体与轴承端盖接合面、检查孔盖、通气器、油标和油塞接合处、与螺栓头部或螺母接触处都应做出凸台或凹坑,以使螺栓受力良好,避免偏心受载。

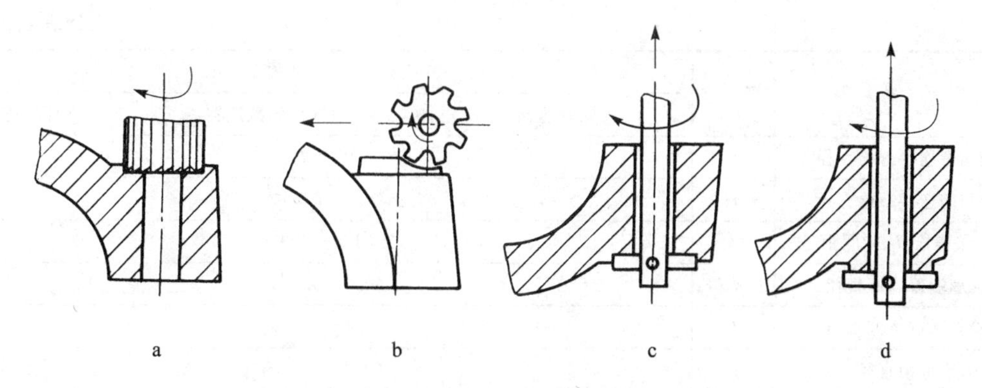

图 4.13　凸台支承面及沉头座的加工方法

4.3.4　箱体的结构尺寸

设计减速器的箱体结构时，可参考表 4.2 确定铸造箱体各部分的尺寸。

表 4.2　铸铁减速器箱体的主要结构尺寸

名　称	符　号	减速器型式、尺寸关系/mm			
		齿轮减速器		圆锥齿轮减速器	蜗杆减速器
箱座壁厚	δ	一级	$0.025a+1\geqslant 8$	$0.012\,5(d_{1m}+d_{2m})+1\geqslant 8$ 或 $0.01(d_1+d_2)+1\geqslant 8$ d_1、d_2 为小、大圆锥齿轮的大端直径 d_{1m}、d_{2m}小、大圆锥齿轮的平均直径	$0.04a+3\geqslant 8$
		二级	$0.025a+3\geqslant 8$		
		三级	$0.025a+5\geqslant 8$		
箱盖壁厚	δ_1	一级	$0.02a+1\geqslant 8$	$0.01(d_{1m}+d_{2m})+1\geqslant 8$ 或 $0.0085(d_1+d_2)+1\geqslant 8$	蜗杆在上：$\approx\delta$ 蜗杆在下：$=0.85\delta\geqslant 8$
		二级	$0.02a+3\geqslant 8$		
		三级	$0.02a+5\geqslant 8$		
箱盖凸缘厚度	b_1	$1.5\delta_1$			
箱座凸缘厚度	b	1.5δ			
箱座底凸缘厚度	b_2	2.5δ			
地脚螺钉直径	d_f	$0.036a+12$		$0.018(d_{1m}+d_{2m})+1\geqslant 12$ 或 $0.015(d_1+d_2)+1\geqslant 12$	$0.036a+12$
地脚螺钉数目	n	$a\leqslant 250, n=4$ $a>250-500, n=6$ $a>500, n=8$		$n=\dfrac{\text{底凸缘周长之半}}{200-300}\geqslant 4$	—

续表 4.2

名　称	符　号	减速器型式、尺寸关系/mm		
		齿轮减速器	圆锥齿轮减速器	蜗杆减速器
轴承旁连接螺栓直径	d_1	$0.75d_f$		
盖与座连接螺栓直径	d_2	$(0.5\sim0.6)d_f$		
连接螺栓 d_2 的间距	l	150～200		
轴承端盖螺钉直径	d_3	$(0.4\sim0.5)d_f$		
检查孔盖螺钉直径	d_4	$(0.3\sim0.4)d_f$		
定位销直径	d	$(0.7\sim0.8)d_2$		
$d_f d_1 d_2$ 至外箱壁距离	C_1	见表 4.1		
$d_f d_2$ 至凸缘边缘距离	C_2	见表 4.1		
轴承旁凸台半径	R_1	C_2		
凸台高度	h	根据低速级轴承座外径确定,以便于扳手操作为准		
外箱壁至轴承座端面的距离	l_1	$C_1+C_2+(5\sim10)$		
齿轮顶圆(蜗轮外圆)与内箱壁间的距离	Δ_1	$>1.2\delta$		
齿轮(锥齿轮或蜗轮轮毂)端面与内箱壁间的距离	Δ_2	$>\delta$		
箱盖、箱座肋厚	m_1 m_2	$m_1\approx0.85\delta_1$ $m_2\approx0.85\delta$		
轴承端盖外径	D_2	$D+(5\sim5.5)d_3$,D——轴承外径(嵌入式轴承盖尺寸见表 4.7)		
轴承旁连接螺栓距离	S	尽量靠近,以 Md_1 和 Md_3 互不干涉为准,一般取 $S=D_2$		

4.4 减速器附件设计

1. 窥视孔和窥视孔盖

窥视孔须有盖板。盖板可用钢板或铸铁制成,用螺钉紧固。一般中小型窥视孔及窥视孔盖的结构尺寸如表 4.3 所列。当然,也可以参照减速器有关结构自行设计。

表 4.3　窥视孔及窥视孔盖　　mm

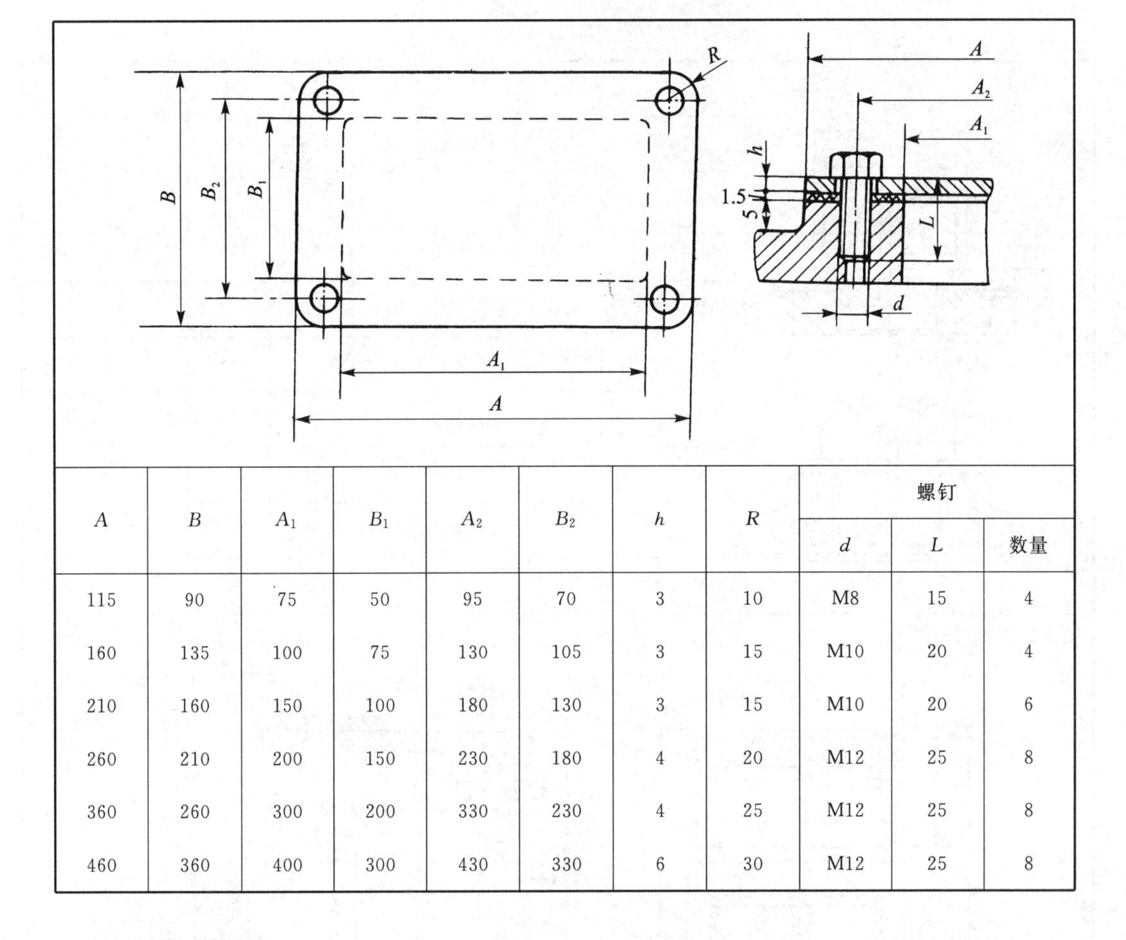

A	B	A_1	B_1	A_2	B_2	h	R	螺钉		
								d	L	数量
115	90	75	50	95	70	3	10	M8	15	4
160	135	100	75	130	105	3	15	M10	20	4
210	160	150	100	180	130	3	15	M10	20	6
260	210	200	150	230	180	4	20	M12	25	8
360	260	300	200	330	230	4	25	M12	25	8
460	360	400	300	430	330	6	30	M12	25	8

2. 通气器

通气器多装在箱体的顶部或窥视孔盖上。表 4.4 所列为几种常用通气器的结构与尺寸，设计时可供参考。

表4.4 通气器

mm

通气器1

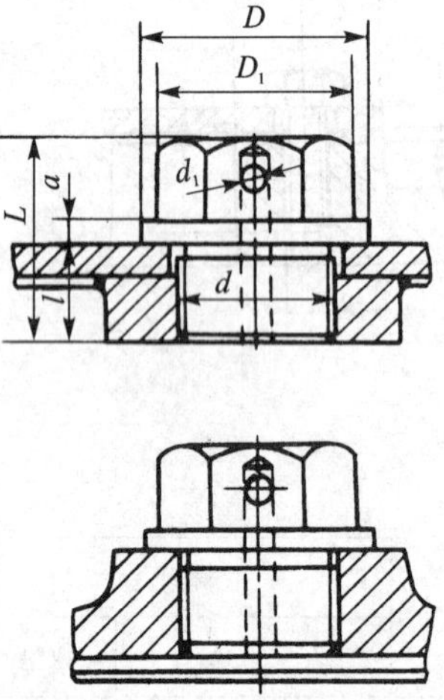

d	D	D_1	S	L	l	a	d_1
M10×1	13	11.5	10	16	8	2	3
M12×1.25	18	16.5	14	19	10	2	4
M16×1.5	22	19.6	17	23	12	2	5
M20×1.5	30	25.4	22	28	15	4	6
M22×1.5	32	25.4	22	29	15	4	7
M27×1.5	38	31.2	27	34	18	4	8
M30×2	42	36.9	32	36	18	4	8
M33×2	45	36.9	32	38	20	4	8
M36×3	50	41.6	36	46	25	5	8

通气器2

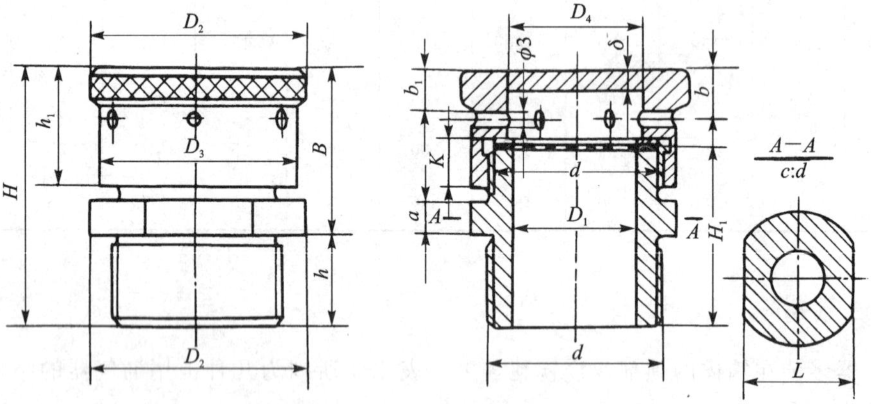

d	D_1	B	h	H	D_2	H_1	a	δ	K	b	h_1	b_1	D_3	D_4	L	孔数
M27×1.5	15	30	15	45	36	32	6	4	10	8	22	6	32	18	32	6
M36×2	20	40	20	60	48	42	8	4	12	11	29	8	42	24	42	6
M48×3	30	45	25	70	62	52	10	5	15	13	32	10	56	36	55	8

3. 油　标

常用的油标有圆形油标、长形油标、管状油标和杆式油标。一般多用带有螺纹的杆式油标，如图 4.14 所示。杆式油标结构简单，其上有刻线表示最高及最低油面。油标安置的部位不能太低，以防油进入油标座孔而溢出，其倾斜位置应便于油标座孔的加工及油标的装拆，如图 4.15 所示。

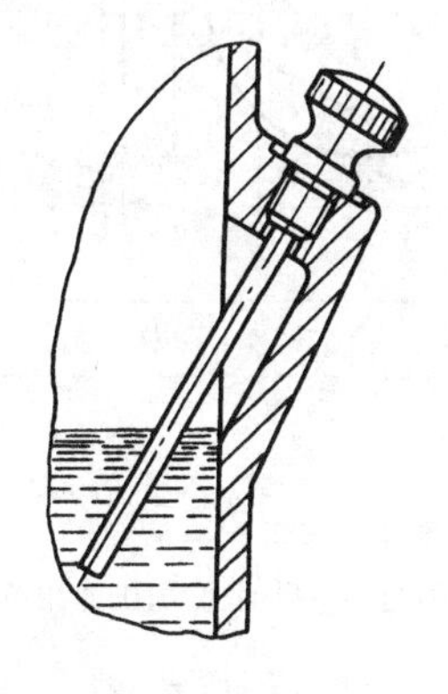

图 4.14　带有螺纹的杆式油标

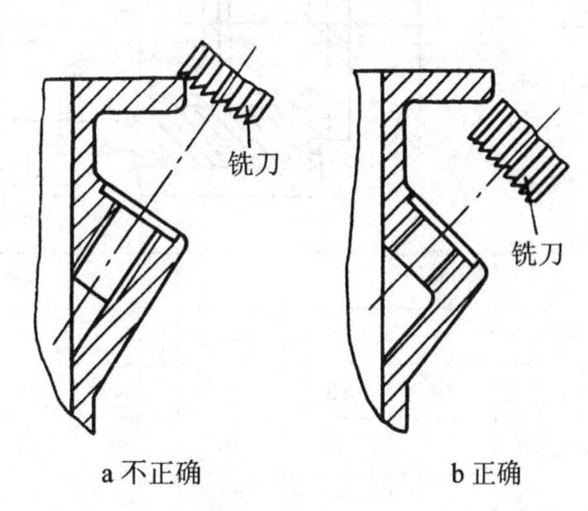

图 4.15　油标座孔的倾斜位置

4. 放油螺塞

放油螺塞常为六角头细牙螺纹，在六角头与放油孔的接触面应加封油圈密封，如图 4.16 所示。螺塞及封油圈的尺寸如表 4.5 所列。

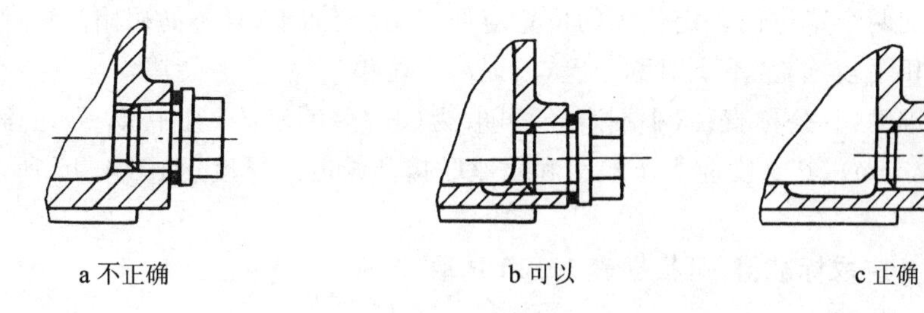

图 4.16　放油孔位置

表 4.5 六角头螺塞及封油圈尺寸

mm

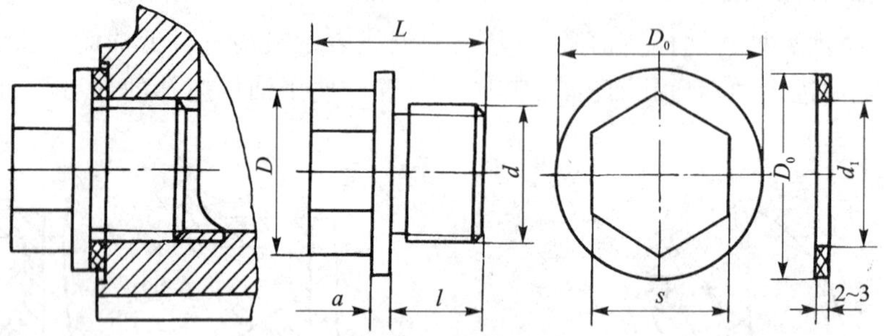

d	D_0	L	l	a	D	S	d_1	材 料
M16×1.5	26	23	12	3	19.6	17	17	螺塞：Q235 油封圈：耐油橡胶;工业用革;石棉橡胶纸
M20×1.5	30	28	15	4	25.4	22	22	
M24×2	34	31	16	4	25.4	22	26	
M27×2	38	34	18	4	31.2	27	29	
M30×2	42	36	18	4	36.9	32	32	

5. 定位销

为了精确地加工轴承座孔,并保证减速器每次拆装后轴承座的上下半孔始终保持加工时的位置精度,应在箱盖和箱座的剖分面加工完成并用螺栓联接之后、镗孔之前,在箱盖和箱座的联接凸缘上装配两个定位销。定位销的位置应便于钻、铰加工,且不妨碍附近联接螺栓的装拆。两定位销应相距较远,且不宜对称布置,以提高定位精度。

定位销选圆锥销,其公称直径(小端直径)可取为(0.7～0.8)d_2,其中 d_2 为箱盖与箱座联接螺栓直径(单位 mm),其长度应大于箱盖和箱座联接凸缘的总厚度,如图 4.17 所示,以便于装拆。

定位销直径 d 应取标准值,可根据表 15.15 选取。

6. 启盖螺钉

在箱盖与箱座联接凸缘处的结合面上,通常涂有密封胶。拆卸时,为了便于起箱盖,可在箱盖凸缘上装设 1～2 个启盖螺钉。拆装箱盖时,可先拧动此螺钉顶起箱盖。启盖螺钉直径一般与凸缘联接螺栓的直径相同,钉头部应为细圆柱形,以免损坏螺纹,如图 4.18 所示。

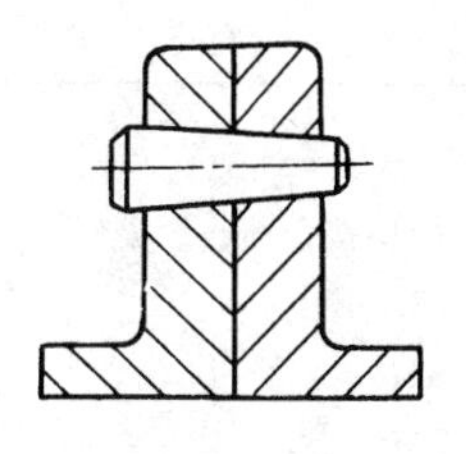

图 4.17　定位销

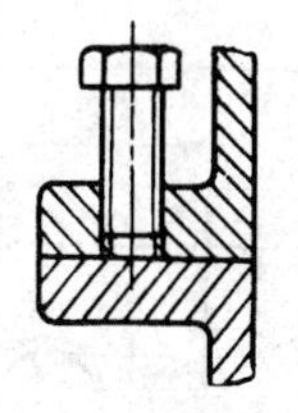

图 4.18　启盖螺钉

7. 起吊装置

为了便于搬运减速器，应在箱体上设置起吊装置。常用的起吊装置有如下几种。

(1) 吊环螺钉

吊环螺钉为标准件，设计时按起重质量选取，具体见表 15.5。每台减速器应设置两个吊环螺钉，将其旋入箱盖凸台上的螺孔中，吊环螺钉的凸肩应紧抵支承面。

(2) 吊耳、吊环、吊钩

为了减少机加工工序，比较简便的加工方法是在箱盖上直接铸出吊耳、吊环或吊钩，用以起吊或搬运整个箱体。其结构尺寸如表 4.6 所列。

表 4.6　吊耳、吊环和吊钩

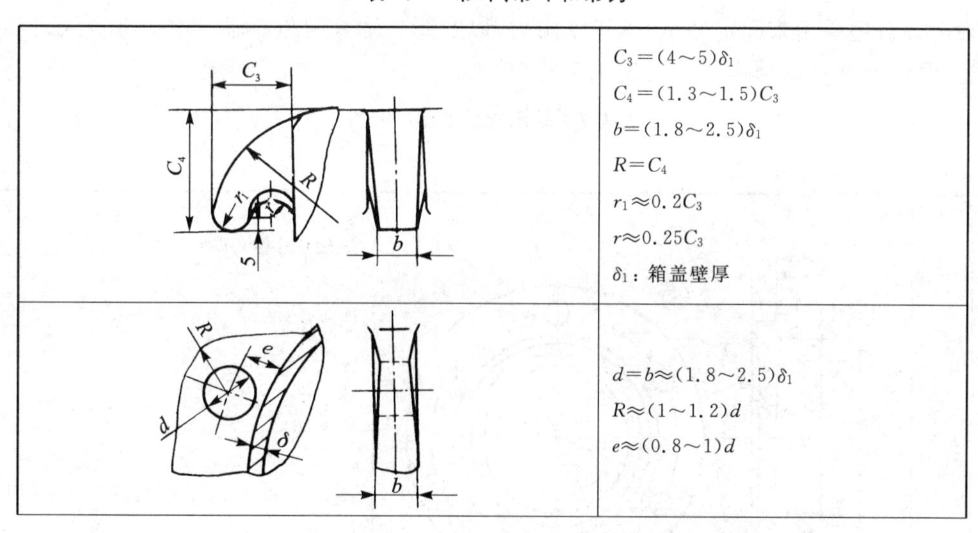

	$C_3=(4\sim5)\delta_1$ $C_4=(1.3\sim1.5)C_3$ $b=(1.8\sim2.5)\delta_1$ $R=C_4$ $r_1\approx0.2C_3$ $r\approx0.25C_3$ δ_1：箱盖壁厚
	$d=b\approx(1.8\sim2.5)\delta_1$ $R\approx(1\sim1.2)d$ $e\approx(0.8\sim1)d$

续表 4.6

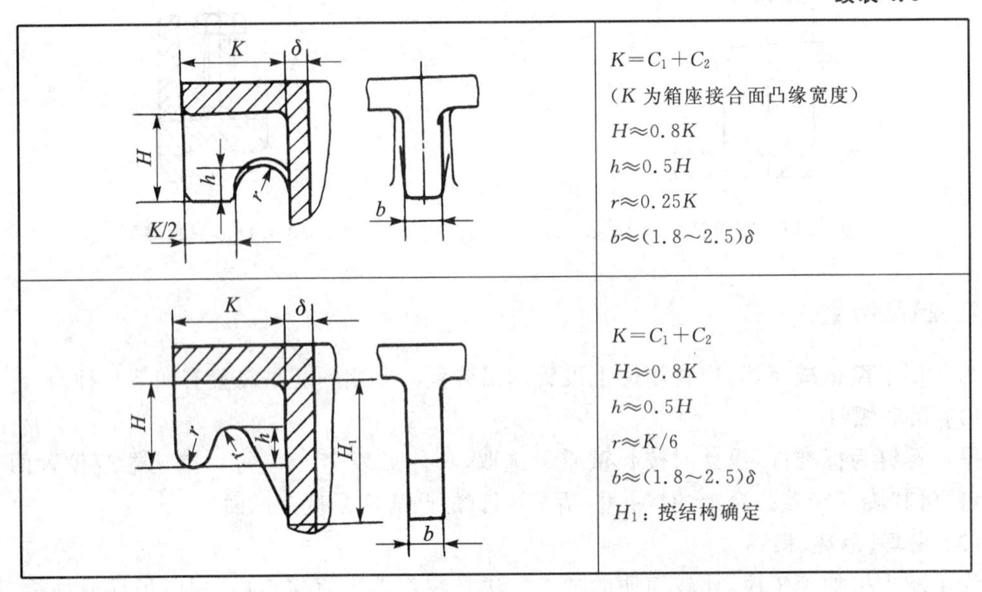

	$K=C_1+C_2$ (K 为箱座接合面凸缘宽度) $H\approx 0.8K$ $h\approx 0.5H$ $r\approx 0.25K$ $b\approx (1.8\sim 2.5)\delta$
	$K=C_1+C_2$ $H\approx 0.8K$ $h\approx 0.5H$ $r\approx K/6$ $b\approx (1.8\sim 2.5)\delta$ H_1：按结构确定

8. 轴承端盖

轴承端盖主要用来固定轴承、承受轴向力，以及调整轴承间隙。轴承端盖有嵌入式和凸缘式两类，设计时其具体结构尺寸见表 4.7 所列。

表 4.7　轴承端盖的结构尺寸

mm

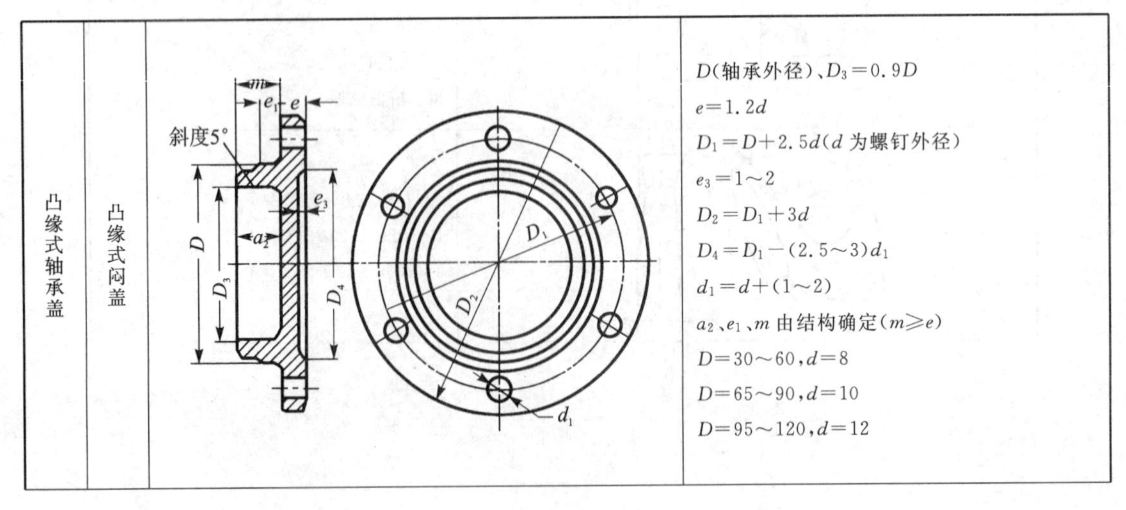

凸缘式轴承盖	凸缘式闷盖		D(轴承外径)、$D_3=0.9D$ $e=1.2d$ $D_1=D+2.5d$(d 为螺钉外径) $e_3=1\sim 2$ $D_2=D_1+3d$ $D_4=D_1-(2.5\sim 3)d_1$ $d_1=d+(1\sim 2)$ a_2、e_1、m 由结构确定($m\geqslant e$) $D=30\sim 60, d=8$ $D=65\sim 90, d=10$ $D=95\sim 120, d=12$

续表 4.7

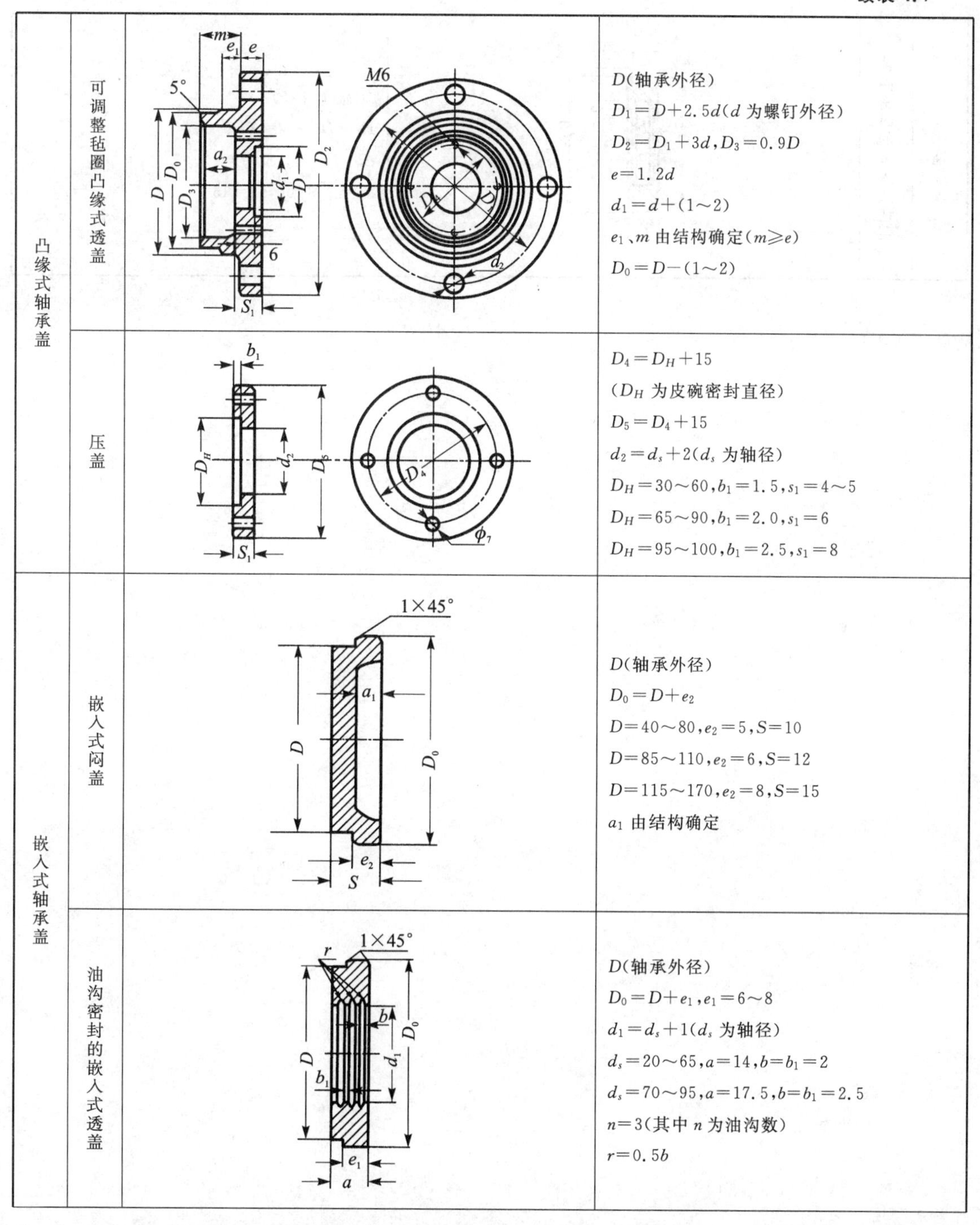

凸缘式轴承盖	可调整毡圈凸缘式透盖		D(轴承外径) $D_1=D+2.5d$(d 为螺钉外径) $D_2=D_1+3d$，$D_3=0.9D$ $e=1.2d$ $d_1=d+(1\sim2)$ e_1、m 由结构确定($m\geqslant e$) $D_0=D-(1\sim2)$
	压盖		$D_4=D_H+15$ (D_H 为皮碗密封直径) $D_5=D_4+15$ $d_2=d_s+2$(d_s 为轴径) $D_H=30\sim60$，$b_1=1.5$，$s_1=4\sim5$ $D_H=65\sim90$，$b_1=2.0$，$s_1=6$ $D_H=95\sim100$，$b_1=2.5$，$s_1=8$
嵌入式轴承盖	嵌入式闷盖		D(轴承外径) $D_0=D+e_2$ $D=40\sim80$，$e_2=5$，$S=10$ $D=85\sim110$，$e_2=6$，$S=12$ $D=115\sim170$，$e_2=8$，$S=15$ a_1 由结构确定
	油沟密封的嵌入式透盖		D(轴承外径) $D_0=D+e_1$，$e_1=6\sim8$ $d_1=d_s+1$(d_s 为轴径) $d_s=20\sim65$，$a=14$，$b=b_1=2$ $d_s=70\sim95$，$a=17.5$，$b=b_1=2.5$ $n=3$(其中 n 为油沟数) $r=0.5b$

续表 4.7

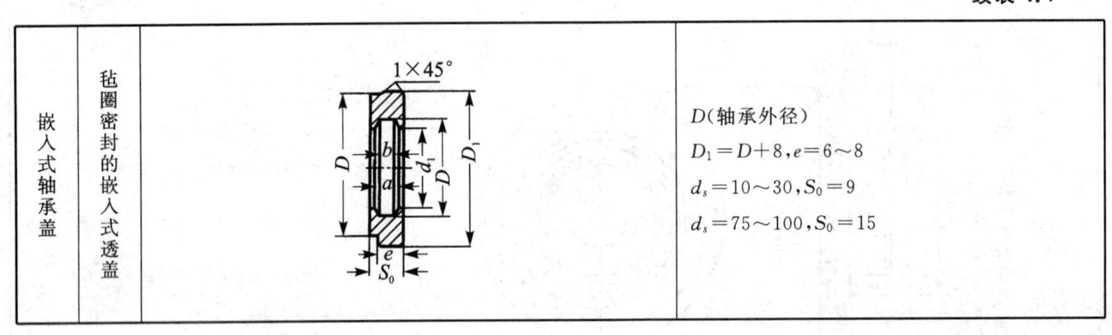

嵌入式轴承盖	毡圈密封的嵌入式透盖	1×45° D b a d_1 D D_1 e S_0	D(轴承外径) $D_1=D+8,e=6\sim8$ $d_s=10\sim30,S_0=9$ $d_s=75\sim100,S_0=15$

第 5 章　轴系部件的设计

5.1　轴的结构设计

轴的结构设计主要是根据具体工作情况确定轴的合理形状、结构和尺寸。

减速器中的轴在工作时是既受弯矩又受转矩的转轴，比较精确的设计方法是按弯扭合成强度来计算各段轴径。其形状结构应保证：轴和轴上的零件有准确的工作位置；便于轴上零件的安装和调整；具有良好的制造工艺性等。根据实际情况，大多采用阶梯轴，其轴的结构如图 5.1 所示。

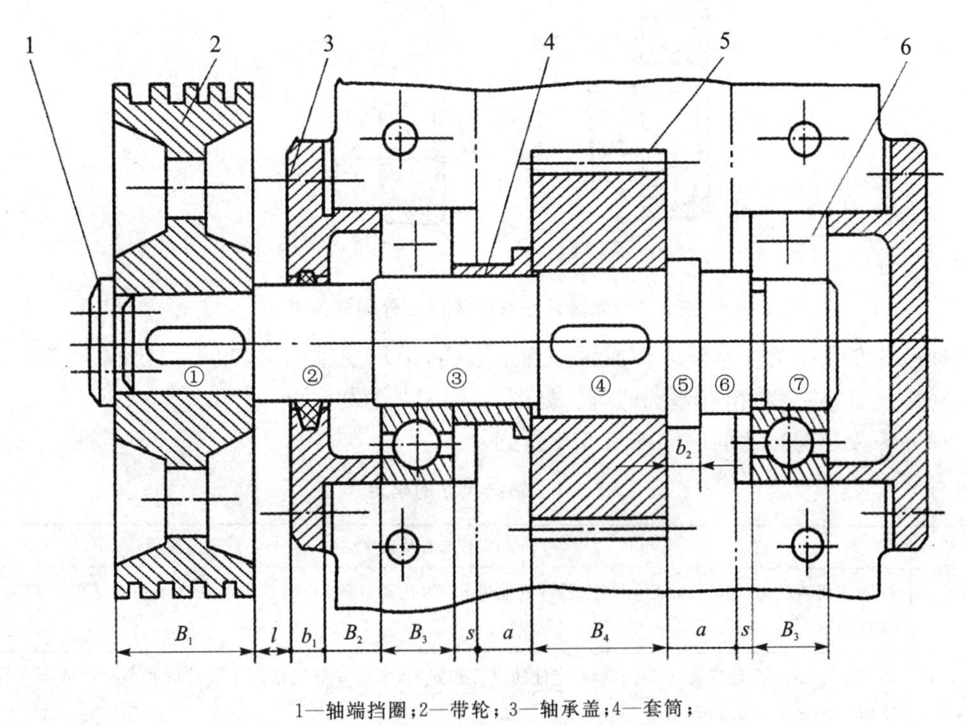

1—轴端挡圈；2—带轮；3—轴承盖；4—套筒；

5—齿轮；6—滚动轴承

图 5.1　轴的结构

1. 确定轴段的直径

首先根据公式初步计算出轴最小的直径 d，然后以此作为设计轴结构的根据。

$$d \geqslant C\sqrt[3]{\frac{p}{n}} \qquad (\text{mm})$$

式中,p 为轴传递的功率,单位为 kW;

n 为轴的转速,单位为 r/min;

C 为常数,通常 $C=106\sim158$,当材质好,弯矩小,载荷平稳或轴承支点距离小时取小值;反之取大值。

按上式计算出来的直径为阶梯轴的最小直径 $d_{\min}$,也即图 5.1 中轴外伸端带轮①处的直径 d_1。

当轴径的变化是为了固定轴上零件或承受轴向力时,其变化值要大一些,如图 5.1 中轴段①②、轴段④⑤处的变化。这时轴肩的圆角半径 r 应小于零件(如带轮)孔的倒角 C 或圆角半径(如齿轮孔的圆角半径 r)。如用轴肩固定滚动轴承,则轴肩高度应小于轴承内圈厚度;如用套筒固定,则其外径 D_1 应小于轴承内圈外径,以利于拆卸轴承,如图 5.2 所示。

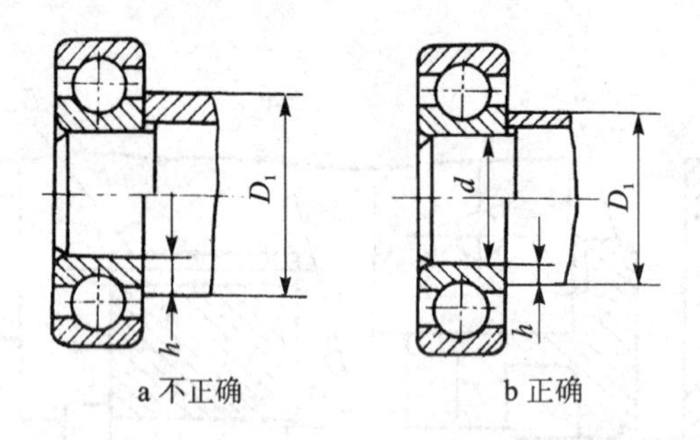

图 5.2 套筒外径与轴承内圈外径的关系

当轴径的变化是为了装配方便或区别加工表面,不承受轴向力、也不固定轴上零件时,则相邻轴径变化可小一些,稍有差别即可。如图 5.1 中轴段②③处的变化。

阶梯轴各段径向尺寸的确定如表 5.1 所列。

表 5.1 轴向尺寸的确定

轴段号	确定方法及说明
①	按许用扭转应力估算。轴径应与外接零件(如带轮)的孔径一致,并满足键的强度条件。尽可能圆整为标准直径 d_1
②	$d_2=d_1+2a$,a 为轴肩高度,用于轴上零件的定位和固定,所以 a 值应稍大于毂孔的圆角半径或倒角深,常常取 $a>(0.07\sim0.1)d$
③	$d_3=d_2+(1\sim5)$ mm。如图 5.1 中,轴段②③的变化仅为装配方便及区分加工表面,故其差值可小一些,一般取 1~5 mm 即可;轴段③与滚动轴承相配,其轴径应与轴承孔径一致

续表 5.1

轴段号	确定方法及说明
④	$d_4=d_3+(1\sim5)$ mm。轴径变化仅为装配方便及区分加工表面，故其差值可小一些，一般取 1～5 mm 即可；因轴段④与齿轮相配，最好圆整为标准直径
⑤	$d_5=d_4+2a$，轴环用于齿轮轴向定位和固定用，常常取 $a>(0.07\sim0.1)d$
⑥	$d_6=d_7+2a$，用于右端轴承的定位和固定
⑦	$d_7=d_3$，同一轴上的滚动轴承最好选同一型号，以便于轴承座镗削和减少轴承品种

2. 确定各轴段的长度

轴的各轴段的长度决定了轴上零件的轴向位置，确定各轴段的长度时应考虑以下几点：

① 保证轴上定位元件，如套筒、轴端挡圈、圈螺母等，能可靠地压紧在轴上零件的端面，使轴上的零件在轴上固定可靠，轴头的长度通常比轮毂宽度小 2～3 mm，如图 5.1 中轴段①、轴段④等。

② 轴颈的长度应与轴承宽度相匹配。

③ 回转体端面与箱体内壁间的距离 Δ_2 为 8～15 mm；轴承端面距箱体内壁距离 Δ_3 与轴承的润滑有关，油润滑时 $\Delta_3=3\sim5$ mm，如图 5.3a 所示，脂润滑时 $\Delta_3=5\sim10$ mm，如图 5.3b 所示。联轴器或带轮与轴承盖间的距离 L_1 通常取 15～20 mm。

④ 其他轴段长度应根据结构和装拆要求确定。

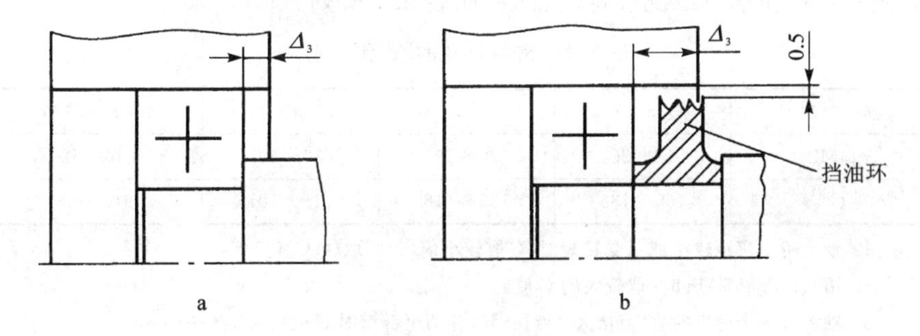

图 5.3　轴承在轴承座孔中的位置

5.2　轴的强度计算

轴的强度计算方法有很多种，现将常用的按扭转强度条件和按弯扭合成强度计算方法介绍如下。

5.2.1　强度条件计算

按强度条件计算是只按轴所受的扭矩来计算轴的强度。在进行轴的结构设计时,通常按扭转条件初步估算轴受扭段的最小直径。

由材料力学可知,轴在扭矩作用下,其强度条件为:

$$\tau = \frac{T}{W_n} = \frac{9.549 \times 10^6 P}{0.2d^3 n} \leqslant [\tau]$$

式中,τ:轴的扭转切应力,MPa;

T:转矩,N·mm;

W_n:抗扭截面系数,对圆截面,$W_n=\pi d^3/16=0.2d^3$;

P:轴传递的功率,kW;

n:轴的转速,r/min;

d:轴的直径,mm;

$[\tau]$:许用扭转切应力,MPa。

对于转轴,初始设计时考虑到弯矩对轴强度的影响,可将$[\tau]$适当降低。将上式改写为设计公式:

$$d \geqslant \sqrt[3]{\frac{9.549 \times 10^6}{0.2[\tau]}} \sqrt[3]{\frac{P}{n}} = C\sqrt[3]{\frac{P}{n}}$$

式中,C:由轴的材料和承载情况确定的常数,如表5.2所列。

表5.2　常用材料的$[\tau]$和C值

轴的材料	Q235、20	35	45	40Cr、35SiMn
$[\tau]$/MPa	12～20	20～30	30～40	40～52
C	160～135	135～118	118～107	107～98

注:1. 轴上所受弯距较小或只受转矩时,C取较小值,否则取较大值。
2. 用Q235,35SiMn时,取较大的C值。
3. 轴上有一个键槽时,C值增大4%～5%,有两个键槽时C值增大7%～10%。

将上式结果圆整为标准直径或与相配合零件(如联轴器,带轮)的孔径相吻合,作为转轴的最小直径。

5.2.2　合成强度条件计算

轴系结构设计完成以后,轴所受的外载荷和轴的支点位置就可以确定。此时就可以按轴的弯扭合成强度来校核轴的强度。

对于一般钢制轴，应用第三强度理论计算，强度条件为：

$$\sigma_e = \frac{M_e}{W} = \frac{1}{0.1d^3}\sqrt{M^2+(\alpha T)^2} \leqslant [\sigma_b]_{-1}$$

式中，T：单位为 N・mm；

σ_e：当量弯曲应力，单位为 MPa；

M_e：当量弯矩，$M_e=\sqrt{M^2+(\alpha T)^2}$，单位为 N・mm；

W：抗弯截面系数，单位为 mm^3；

M：转轴的合成弯矩，$M=\sqrt{M_H^2+M_V^2}$，M_H，M_V分别为水平面和铅垂面内的弯矩，单位为 N・mm；

α：根据转矩性质而定的折合系数，当转矩不变时，$\alpha=0.3$，转矩为脉动循环变化时，$\alpha\approx0.6$，对于频繁正反转的轴，转矩作对称循环变化，$\alpha=1$；

$[\sigma_b]_{-1}$：对称循环状态下的许用弯曲应力，如表 5.3 所列。

表 5.3　轴的许用弯曲应力

MPa

材　料	σ_b	$[\sigma_{+1b}]$	$[\sigma_{0b}]$	$[\sigma_{-1b}]$
碳素钢	400	130	70	40
	500	170	75	45
	600	200	95	55
	700	230	110	65
合金钢	800	270	130	75
	900	300	140	80
	1 000	330	150	90
铸钢	400	100	50	30
	500	120	70	40

计算轴的直径时，可将上式改写为：

$$d \geqslant \sqrt[3]{\frac{M_e}{0.1[\sigma_{-1b}]}}$$

进行强度计算时通常把轴当作置于铰链支座上的梁，作用于轴上零件的力作为集中力，其作用点取为零件轮毂宽度的中点。支点反力的作用点一般可近似地取在轴承宽度的中点上。具体的计算步骤如下：

① 画出轴的空间受力图。将轴上作用力分解为水平面分力和垂直面分力，并求出水平面和垂直面上的支点反力。

② 分别作出水平面上的弯矩(M_H)图和垂直面上的弯矩(M_V)图。

③ 计算出合成弯矩 M,绘出合成弯矩图。

④ 作出转矩(T)图。

⑤ 计算出当量弯矩 M_e,绘出当量弯矩图。

⑥ 校核危险截面的强度。根据当量弯矩图找出危险截面,进行轴的强度校核,其公式如下:

$$\sigma_e = \frac{M_e}{W} = \frac{1}{0.1d^3}\sqrt{M^2+(\alpha T)^2} \leqslant [\sigma_{-1b}]$$

5.2.3　轴的设计步骤

设计轴的一般步骤为:

① 选择轴的材料根据轴的工作要求,并考虑工艺性和经济性,选择合适的材料及热处理方法。

② 初步确定轴的直径可按扭转强度条件,计算轴最细部分的直径,也可用类比法确定。

③ 轴的结构设计根据轴上安装零件的数量、工作情况及装配方案,画出阶梯轴结构设计草图。由轴最细部分的直径递推各段直径,相邻两段轴直径之差,通常可取为5～10 mm。各段轴的长度由轴上各零件的宽度及装配空间确定。

④ 轴的强度校核首先是对轴上传动零件进行受力分析,画出轴弯矩图和扭矩图,判断危险截面,然后对轴危险截面进行强度校核。有刚度要求的轴还要进行刚度校核。当校核不合格时,还要改变危险截面尺寸,进而修改轴的结构,直至校核合格为止。因此,轴的设计过程是反复、交叉进行的。

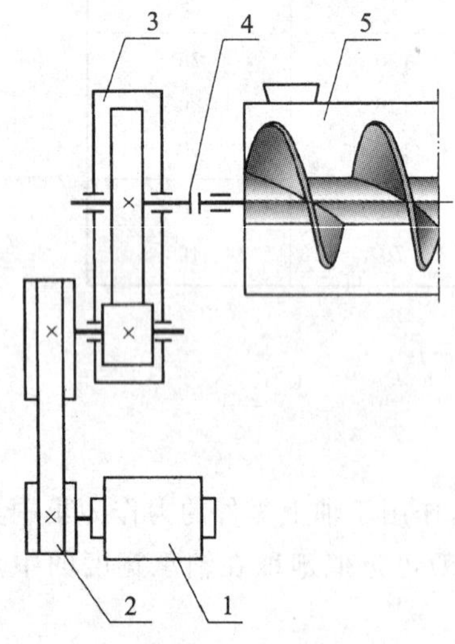

1—电动机;2—带传动;3—减速器;
4—联轴器;5—送料筒

图5.4　某螺旋输送机的传动装置

下面举例说明轴的设计过程

例5.1　如图5.4所示为某工厂螺旋输送机的传动装置。设计初始数据为:异步电动机的额定功率 P=5.5 kW,转速 n_1=1 440 r/min,主轴转速 n_4=90 r/min。已知:齿轮减速器从动轴齿轮齿数 Z_2=170,模数 m=2 mm,齿轮轮毂宽度 B=88 mm。试设计该从动轴。

解: 1. 选择轴的材料,确定许用应力

材料:45钢

热处理:调质

许用应力:由表10.9和表5.3查得,σ_b=637 MPa,$[\sigma_{-1b}]$=59 MPa

2. 初步计算最小轴径

从动轴传递功率　$P=(5.5\times0.95\times0.97\times0.99\times0.99)\text{kW}=4.97\ \text{kW}$

由表 5.2 查得　$C=118\sim107$

$$d \geqslant C \cdot \sqrt[3]{\frac{P}{n}} = 44.84 \sim 40.66$$

轴上开一个键槽，将轴径增大 5%，即

$$d \times 1.05 \geqslant 47.08 \sim 42.69\ \text{mm}$$

选择联轴器：选用弹性套柱销联轴器：

$$\text{TC} = \text{KT} = 1.5 \times 9\ 550 \times 4.97/90 = 791.06\ \text{N} \cdot \text{m}$$

查手册可用 TL9 型，轴孔直径为 50 mm，轴孔长 84 mm。

轴的最小直径 $d_1=50$ mm，与联轴器轴孔相符合。

3. 零件定位、固定和装配(见图 5.5)

1）齿轮

① 齿轮安排在箱体中央，相对两轴承对称分布 。

② 轴向定位和固定：右面：轴肩；左面：套筒。

③ 周向定位和固定：平键、过渡配合。

2）轴承

① 轴向定位和固定：轴肩、套筒。

② 周向定位和固定：小过盈配合。

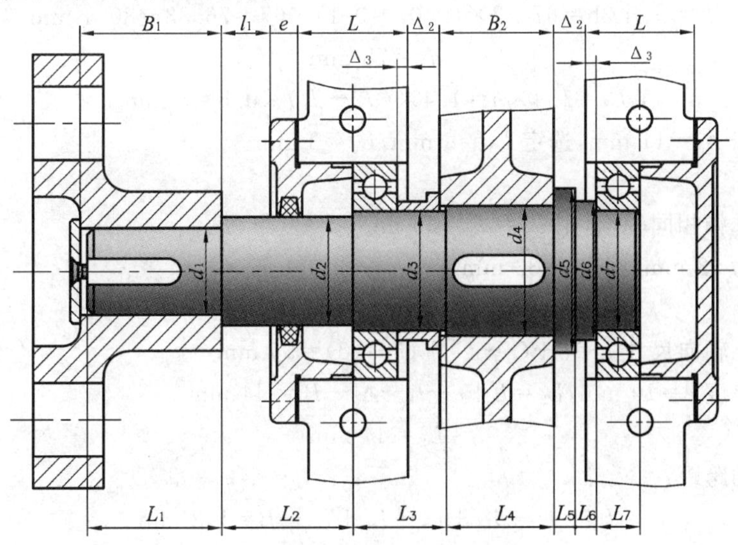

图 5.5　零件定位、固定和装配

3) 联轴器

① 轴向:右面:轴肩;左面:轴端挡圈。

② 周向:平键 。

4. 轴的结构设计

1) 第1段

$d_1=50$ mm,与联轴器轴孔相符合。

TL9 型弹性套柱销联轴器轴孔长 84 mm。保证准确定位,此段应比联轴器轴孔短 2~3 mm,则 $L_1=82$ mm

2) 第2段

$$d_2 = d_1 + 2h = (50 + 2 \times 0.07 \times 50)\text{mm} = 57\ \text{mm}$$

考虑到油封,取标准尺寸 $d_2=60$ mm。

3) 第3段

初选轴承:6313($B=33$ mm,$d=65$ mm),则 $d_3=65$ mm,$L_3=B+\Delta_2+\Delta_3+(2\sim3)\text{mm}=(33+8+3+2)\text{mm}=46$ mm,则 $L_3=46$ mm。

4) 第4段

为便于安装,取标准尺寸系列。 $d_4=67$ mm

$L_4=B_2-(2\sim3)\text{mm}=(88-2)$ mm$=86$ mm,$L_4=86$ mm。

5) 第5、6段

查轴承安装尺寸(6313) $d_6=77$ mm

$$d_5=d_4+2\text{h}=67+2\times(0.07\sim0.1)\times67=76.38\sim80.4\ \text{mm}$$

则 $d_5=78$ mm

$$L_5=1.4\times h=1.4\times(d_5-d_4)\times0.5=8\ \text{mm}$$

考虑到 $\Delta_2+\Delta_3=11$ mm,选定 $L_5=8$ mm,$L_6=3$ mm。

6) 第7段

与第3段选择相同轴承,则 $d_7=d_3=65$ mm

轴承宽度为 33 mm,则 $L_7=33$ mm

7) 第2段

箱体轴承孔轴向尺寸 $L=\delta+C_1+C_2+(5\sim10)=55$ mm

轴承端盖厚度 $e=10$ mm,$L_2=L+e+l_1-\Delta_3-B=44$ mm

则 $L_2=44$ mm

两轴承间的跨距:

$$L_B=L_3+L_4+L_5+L_6+L_7-B=143\ \text{mm}$$

则 $L_B=143$ mm

5. 按弯扭组合强度计算并校核

计算步骤如下：

1）画出轴的空间力系图。将轴上作用力分解为水平面分力和垂直面分力，并求出水平面和垂直面的支点反力。

2）分别作水平面的弯矩图和垂直面的弯矩图。

3）计算合成弯矩，绘制合成弯矩图。

4）作转矩图（见图 5.6）。

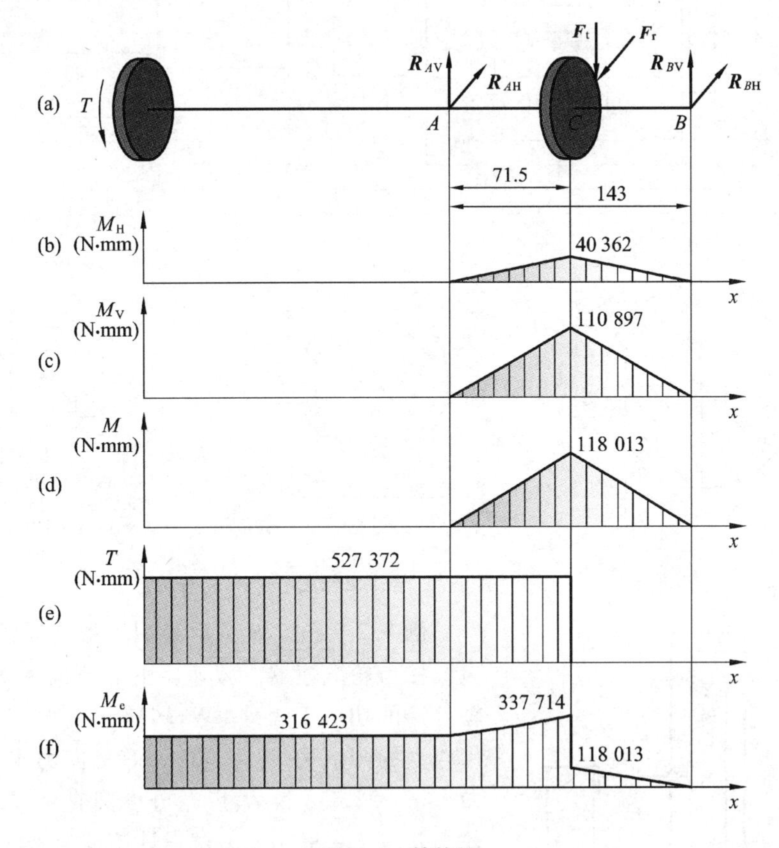

图 5.6　转换图

5）计算当量弯矩，绘当量弯矩图。

6）校核危险截面的强度。

$$\sigma_e = \frac{M_e}{W} = \frac{\sqrt{M^2 + (\alpha T)^2}}{0.1d^3} \leqslant [\sigma_b]_{-1}$$

经校核强度足够。

6. 绘制轴零件工作图（图 5.7）

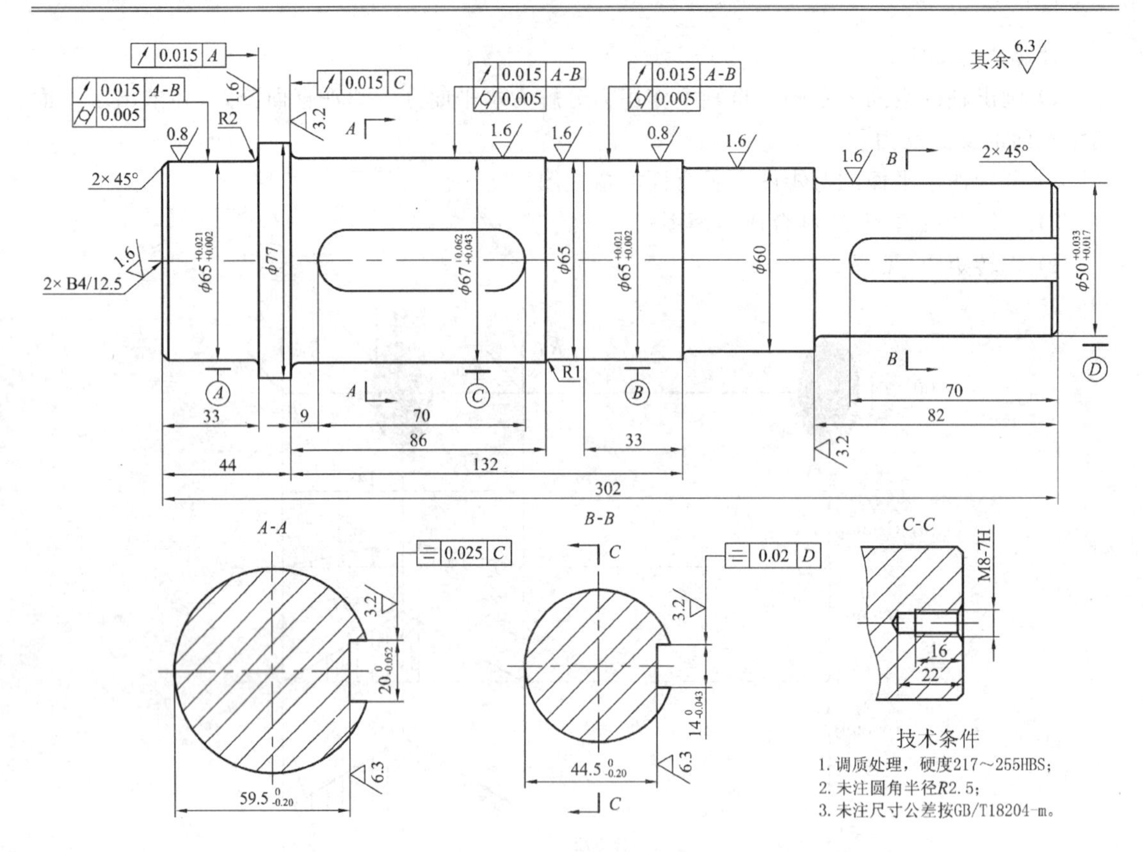

图 5.7　零件工作图

例 5.2　图 5.8 所示为用于带式运输机的单级斜齿圆柱齿轮减速器。减速器由电动机驱动。已知输出轴传递的功率 $P=11$ kW，转速 $n=210$ r/min，作用在齿轮上的圆周力 $F_t=2\ 618$ N，径向力 $F_r=982$ N，轴向力 $F_a=2\ 653$ N，大齿轮分度圆直径 $d_{\text{II}}=382$ mm，轮毂宽度 $B=80$ mm。试设计该减速器的输出轴。

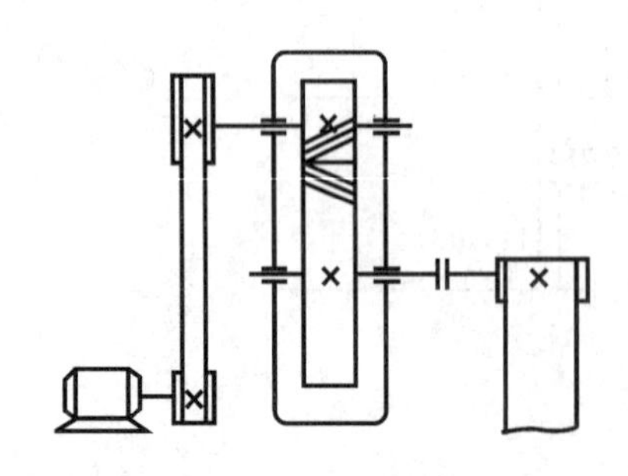

图 5.8　斜齿圆柱齿轮减速器

解：

1. 选择轴的材料并确定许用应力

选用 45 钢正火处理，由表 10.9 和表 5.3 查得强度极限 $\sigma_b=600$ MPa，其许用弯曲应力 $[\sigma_{-1b}]=55$ MPa。

2. 确定轴输出端直径

按扭转强度估算轴输出端直径，由表 5.2 取 $C=110$，则

$$d = C\sqrt[3]{\frac{P}{n}} = 110\sqrt[3]{\frac{11}{210}} = 41.2\ \text{mm}$$

考虑有键槽，将直径增大 5%，则

$$d = 41.2 \times (1 + 5\%) = 43.3\ \text{mm}$$

此段轴的直径和长度应和联轴器相符，选取 TL7 型弹性套柱销联轴器，其轴孔直径为 45 mm，和轴配合部分长度为 84 mm，故轴输出端直径 d=45 mm。

3. 轴的结构设计

1）轴上零件的定位、固定和装配

单级减速器中，可将齿轮安排在箱体中央，相对两轴承对称分布（见图 5.9），齿轮左面由轴肩定位，右面用套筒轴向固定，周向固定靠平键和过渡配合。两轴承分别以轴肩和套筒定位，周向则采用过渡配合或过盈配合固定。联轴器以轴肩轴向定位，右面用轴端挡圈轴向固定，平键联接作同向固定。轴做成阶梯形，左轴承从左面装入，齿轮、套筒、右轴承和联轴器依次从右面装到轴上。

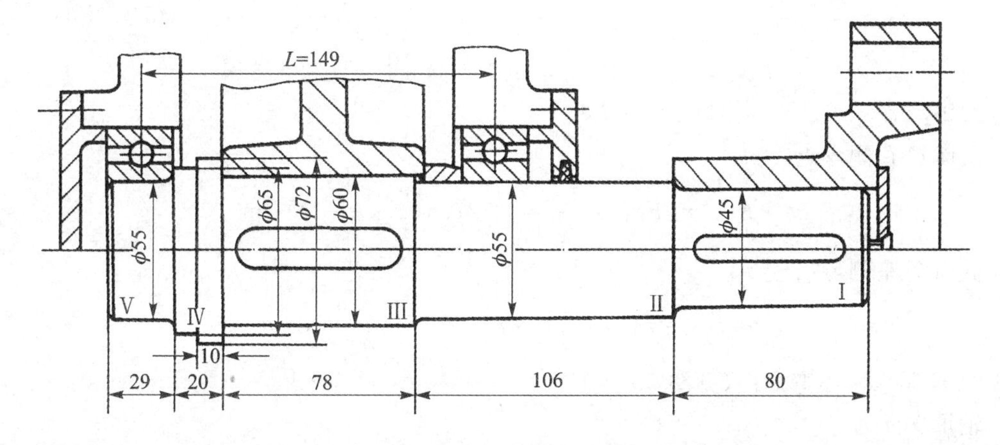

图 5.9　轴的结构设计

2）确定轴各段直径和长度

Ⅰ段：即外伸端直径 d_1=45 mm，其长度应比联轴器轴孔的长度稍短一些，取 L_1=80 mm。

Ⅱ段：直径 d_2=55 mm，（由机械设计手册查得轮毂孔倒角 C_1=2.5 mm，取轴肩高度 $h=2C_1$=2×2.5 mm=5 mm，故 $d_2=d_1+2h$=45 mm+2×5 mm=55 mm）亦符合毡圈密封标准轴径。

初选 6311 型深沟球轴承，其内径为 55 mm，宽度为 29 mm。

考虑齿轮端面和箱体内壁、轴承端面与箱体内壁应有一定距离，则取套筒长为 20 mm。通过密封盖轴段长应根据密封盖的宽度，并考虑联轴器和箱体外壁应有一定距离而定，为此取该段长为 55 mm。安装齿轮段长度应比轮毂宽度小 2 mm，故Ⅱ段长 L_2=(2+20+29+55) mm=106 mm。

Ⅲ段：直径 $d3=60$ mm，长度 $L_3=(80-2)\text{mm}=78$ mm。

Ⅳ段：直径=72(由手册查得 $C_1=3$ mm，取 $h=2C_1=2\times3$ mm$=6$ mm，$d_4=d_3+2h=60+2\times6=72$ mm)，长度和右面套筒长度相同，即 $L_4=20$ mm。但此轴段左面为滚动轴承的定位轴肩，考虑便于轴承的拆卸，应按轴承标准查取。由机械设计手册查得其安装尺寸为 $h=5$ mm，该段直径应为$(55+5\times2)=65$ mm，它和 d_4 不符，故把Ⅳ段设计成阶梯形，左段直径为 65 mm，如图 5.5 所示。

Ⅴ段直径 $d_5=55$ mm，长度 $L_5=29$ mm。

由上述轴各段长度可算得轴支承跨距 $L=149$ mm。

4. 按弯扭合成强度校核轴的强度

1）绘制轴受力简图(图 5.10a)。

2）绘制垂直面弯矩图(图 5.10b)

轴承支反力：

$$F_{\text{RAV}}=\frac{F_{\text{a}}\cdot\frac{d_{\text{II}}}{2}-F_{\text{r}}\cdot\frac{L}{2}}{L}=\frac{653\times\frac{0.382}{2}-982\times\frac{0.149}{2}}{0.149}=345.6\ \text{N}$$

$$F_{\text{RBV}}=F_{\text{r}}+F_{\text{RBV}}=982+345.1=1\ 327.6\ \text{N}$$

计算弯矩：

截面 C 右侧弯矩

$$M_{CV}=F_{\text{RBV}}\cdot\frac{L}{2}=1\ 327.6\times\frac{0.149}{2}\ \text{N}\cdot\text{m}$$

截面 C 左侧弯矩

$$M'_{\text{CV}}=F_{\text{RAV}}\cdot\frac{L}{2}=345.6\times\frac{0.149}{2}\ \text{N}\cdot\text{m}$$

3）绘制水平面弯矩图(见图 5.10c)

轴承支反力：

$$F_{\text{RAH}}=F_{\text{RBH}}=\frac{F_{\text{T}}}{2}=\frac{2\ 618}{2}=1\ 309\ \text{N}$$

截面 C 处的弯矩：

$$M_{\text{CH}}=F_{\text{RAH}}\cdot\frac{L}{2}=1\ 309\times\frac{0.149}{2}\ \text{N}\cdot\text{m}$$

4）绘制合成弯矩图(图 5-10d)

$$M_{\text{C}}=\sqrt{M_{\text{CV}}^2+M_{CH}^2}=\sqrt{99^2+97.5^2}\ \text{N}\cdot\text{m}=139\ \text{N}\cdot\text{m}$$

$$M'_C=\sqrt{(M'_{\text{CV}})^2+(M'_{CH})^2}=\sqrt{25.7^2+97.5^2}=100.8\ \text{N}\cdot\text{m}$$

5）绘转矩图(图 5-10e)

转矩 $$T=9.55\times10^3\ \frac{p}{n}=9.55\times10^3\times\frac{11}{210}\text{N}\cdot\text{m}=500\ \text{N}\cdot\text{m}$$

6）绘制当量弯矩图（图 5-10f）

转矩产生的扭剪应力按脉动循环变化，取 $\alpha=0.6$，截面 C 处的当量弯矩为

$$M_{eC}=\sqrt{M_C^2+(\alpha T)^2}=\sqrt{139^2+(0.6\times 500)^2}=331\ \text{N}\cdot\text{m}$$

7）校核危险截面 C 的强度

按轴的弯扭合成强度校核公式 $\sigma_e=\dfrac{M_e}{W}=\dfrac{1}{0.1d^3}\sqrt{M^2+(\alpha T)^2}\leqslant[\sigma_{-1b}]$

该轴的危险截面 C 的 $\sigma_e=\dfrac{M_{eC}}{0.1d_3^3}=\dfrac{331\times 10^3}{0.1\times 60^3}\text{MPa}=15.3\ \text{MPa}<55\ \text{MPa}$

强度足够。

5．绘制轴的工作图（略）。

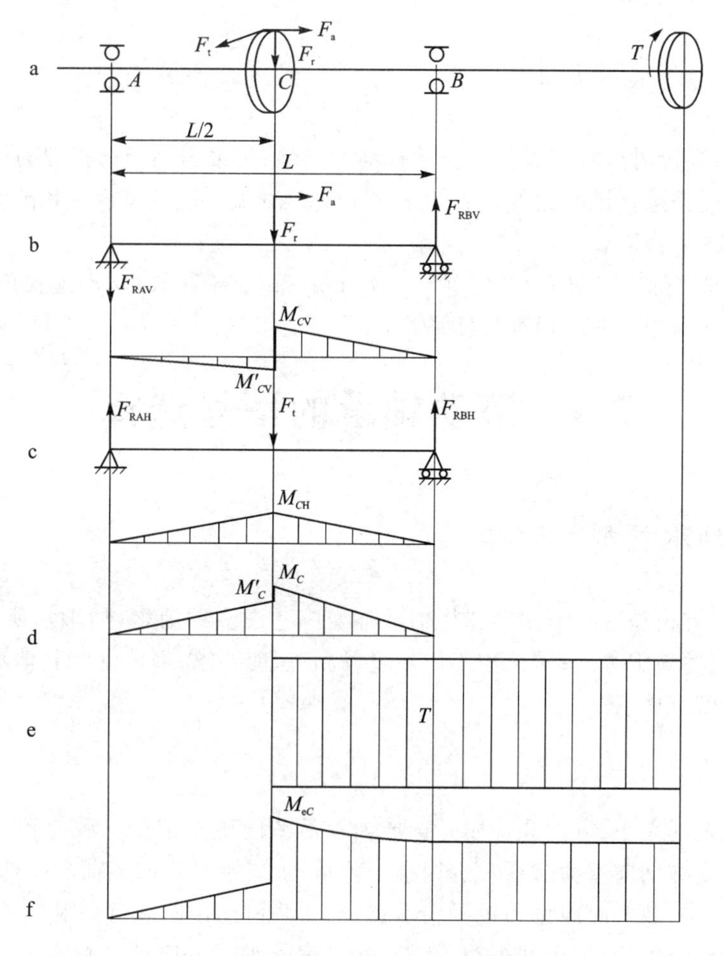

图 5.10　轴的受力图和弯扭矩图

5.3 键的类型及型号选择

5.3.1 键的类型

键连接是由轮毂(齿轮,带轮等)、轴和键组合而成。键的种类有平键、半圆键、楔键和切向键等。其中以平键连接应用最广。普通平键用于轴与轮毂无相对滑动的静连接中,键的两侧被紧压着。普通平键按端部形状可分为:圆头(A 型),方头(B 型),半圆头(C 型),减速器中大多数使用普通平键联接。

5.3.2 键的型号选择

键已标准化,设计时应根据具体情况选择键的类型,再根据轴径选择键的尺寸。

尺寸选择主要是选择键的宽度 b,高度 h 和长度尺寸 L。键的宽度 b 和高度 h 应按轴径 d 的大小在表 15.16 中查取。

键的长度选取:静连接取 $L=L_1-(5\sim10)$mm,(L_1:轮毂长度,动连接的键长则要按轮毂长度和滑动距离确定。并取标准长度系列。

5.4 滚动轴承的型号选择

5.4.1 轴承类型的选择

选用轴承时,首先是选择类型。选择轴承类型应考虑多种因素,如轴承所受载荷的大小、方向及性质;轴向的固定方式;转速与工作环境,调心性能要求;经济性和其他特殊要求等。滚动轴承的选型原则可概括如下。

1. 载荷条件

轴承承受载荷的大小、方向和性质是选择轴承类型的主要依据。载荷较大时应选用线接触的滚子轴承。受纯轴向载荷时通常选用推力轴承;主要承受径向载荷时应选用深沟球轴承;同时承受径向和轴向载荷时应选角接触轴承;当轴向载荷比径向载荷大很多时,常用推力轴承和深沟球轴承的组合结构;承受冲击载荷时宜选用滚子轴承。应该注意推力轴承不能承受径向载荷,圆柱滚子轴承不能承受轴向载荷。

2. 转速条件

选择轴承类型时应注意其允许的极限转速。当转速较高且旋转精度要求较高时，应选用球轴承。推力轴承的极限转速低。当工作转速较高，而轴向载荷不大时，可采用角接触球轴承或深沟球轴承。对高速回转的轴承，为减小滚动体施加于外圈滚道的离心力，宜选用外径和滚动体直径较小的轴承。若工作转速超过轴承的极限转速，可通过提高轴承公差等级、适当加大其径向游隙等措施来满足要求。

3. 装调性能

圆锥滚子轴承和圆柱滚子轴承的内外圈可分离，便于装拆。为方便安装在轴上轴承的装拆和紧固，可选用带内锥孔和紧定套的轴承。

4. 调心性能

轴承内、外圈轴线间的偏位角应控制在极限值之内，否则会增加轴承的附加载荷而降低的轴承的旋转精度和寿命。对刚度较差或安装时难以精确对中的轴系，应选用具有调心性能的调心球轴承或调心滚子轴承。

5. 经济性

在满足使用要求的情况下优先选用价格低廉的轴承。一般球轴承的价格低于滚子轴承。轴承的精度越高价格越高。在同精度的轴承中深沟球轴承的价格最低。同型号不同公差等级轴承不同。

表 5.4 列出了减速器中常用轴承的类型、特点及适用条件，供课程设计时参考。

表 5.4　减速器中常用轴承类型、特点及适用条件

名　称	型　号	承受的载荷方向	特点及适用条件
深沟球轴承	60000	较大的径向载荷和一定的双向轴向载荷	结构简单，使用方便，阻力小，极限转速高，应用广泛。承受冲击载荷能力差 适用在主要承受径向载荷、高速和刚性较大的轴上
角接触球轴承	70000C($\alpha=15°$)	同时承受轴向和径向载荷，也可承受纯轴向载荷	可同时承受径向和轴向载荷 适用于刚性好、转速高，同时承受径向和轴向载荷的轴上，一般成对使用，对称安装
	70000AC($\alpha=25°$)		
	70000B($\alpha=40°$)		
圆锥滚子轴承	30000	同时承受径向和较大的轴向载荷，也可承受纯轴向载荷	内外圈可分离，安装方便，内部游隙可调，阻力大，极限转速低，应用广泛

续表 5.4

名　称	型　号	承受的载荷方向	特点及适用条件
圆柱滚子轴承	N0000	只承受径向载荷	承载能力大,承受冲击载荷能力强,内外圈可分离,安装方便,但对轴的弯曲变形适应性差
推力球轴承	51000	只承受单向轴向载荷	极限转速低,适用于承受单向轴向载荷的轴

5.4.2 轴承尺寸的选择

同一类型同一内径的轴承,随外径和宽度尺寸的不同,其承载能力也不同。选择轴承尺寸时,主要依据轴承的承载能力,其步骤如下:

① 根据轴颈处的直径大小初步确定轴承内径尺寸,同时初步选择具有中等承载能力的外径尺寸和宽度尺寸,查出该轴承的基本额定动负荷 C_r。

② 计算轴承所受的径向载荷、轴向载荷及当量动载荷。

③ 根据轴承寿命要求,计算轴承所需要的基本额定动载荷 C'_r。

④ 比较 C_r 和 C'_r 大小,若 C_r 接近并大于 C'_r,则说明所选轴承尺寸合适;反之,则根据承载要求重新选择外径尺寸系列或宽度尺寸系列。若仍不合适或结构不允许,则需重新选择轴承类型或改变轴颈尺寸。

但值得注意的是,在选择单个轴承型号时,必须同时考虑轴承在轴上的定位、轴颈与轴承孔同轴度的保证以及轴热膨胀的补偿等因素。

5.4.3 轴承精度等级的选择

在无特殊要求的前提下,减速器一般采用6级(普通级)精度的轴承。

5.5 滚动轴承的组合设计

为保证滚动轴承的正常工作,除了要合理选择轴承的类型和尺寸外,还必须正确、合理进行轴承的组合设计,即正确解决轴承的轴向位置固定、轴承与其他零件的配合、轴承的调整装拆等问题。

5.5.1　轴承套圈的轴向固定

1. 内圈固定

图 5.11 所示为轴承内圈轴向固定的常用方法。轴承内圈的一端常用轴肩定位固定，另一端则可采用轴用弹性挡圈（见图 5.11a），轴端挡圈（见图 5.11b），圆螺母和制动垫圈（见图 5.11c），止动垫圈和圆螺母（见图 5.11d）等定位形式。为保证定位可靠，轴肩圆角半径必须小于轴承的圆角半径。

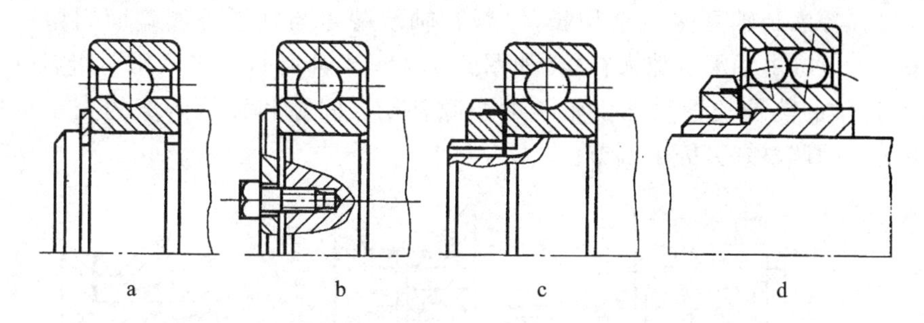

图 5.11　内圈轴向固定的常用方法

2. 外圈固定

图 5.12 所示为轴承外圈轴向固定的常用方法。外圈在轴承座孔中的轴向位置常用座孔的台阶（见图 5.12a），轴承盖（见图 5.12b 和图 5.12c），止动环（见图 5.12d），孔用弹性挡圈（见图 5.12e），螺纹环（见图 5.12g），套杯肩环（见图 5.12h 和图 5.12i）等结构固定。

轴向固定可以是单向固定也可以是双向固定。

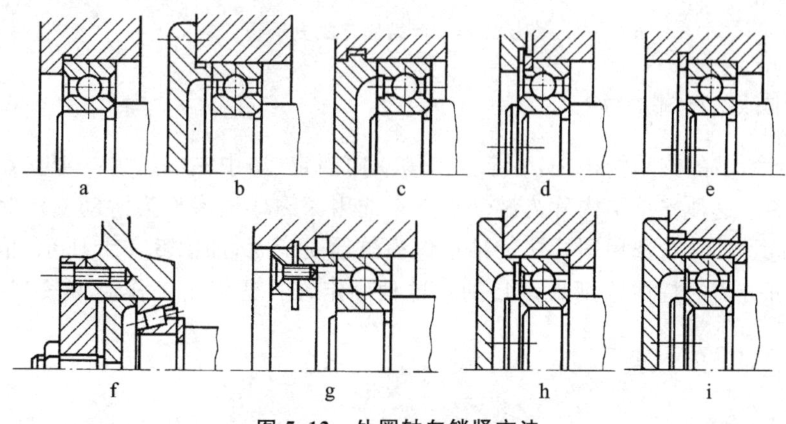

图 5.12　外圈轴向锁紧方法

5.5.2 轴承组件的轴向固定

滚动轴承组成的支承结构必须满足轴承组件轴向定位可靠、准确的要求,并要考虑轴在工作中有热伸长时其伸长量能够得到补偿。常用轴组件轴向固定的方式有以下3种。

1. 两端固定式

图5.13a所示为两端固定式支承结构,轴的两个支点都能够限制轴的单向移动,两个支点合起来就限制了轴的双向移动。这种支承形式结构简单,适用于工作温度变化不大的短轴(跨距≤350 mm)。考虑到轴受热后会伸长,一般在轴承端盖与轴承外圈端面间留有补偿间隙0.2~0.4 mm。也可由轴承游隙来补偿,如图5.13a下半部所示。当采用角接触球轴承或圆锥滚子轴承时,轴的热伸长量只能由轴承的游隙补偿。间隙和轴承游隙的大小可用垫片或图5.13b中所示的调整螺钉等来调节。

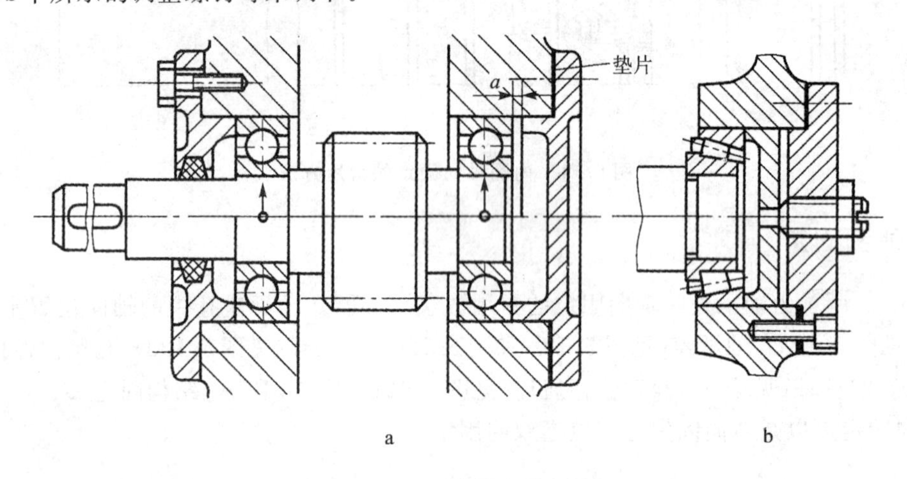

图5.13 两端固定式支承

2. 一端固定、一端游动式

如图5.14所示的支承结构中,一个支点为双向固定(图中左端),另一个支点则可做轴向移动(图中右端),这种支承结构称为游动支承。选用深沟球轴承作为游动支承时应在轴承外圈与端盖间留适当间隙;选用圆柱滚子轴承作为游动支承时,如图5.14b所示,依靠轴承本身具有内、外圈可分离的特性达到游动目的。这种固定方式适用于工作温度较高的长轴(跨距$L>350$ mm)。

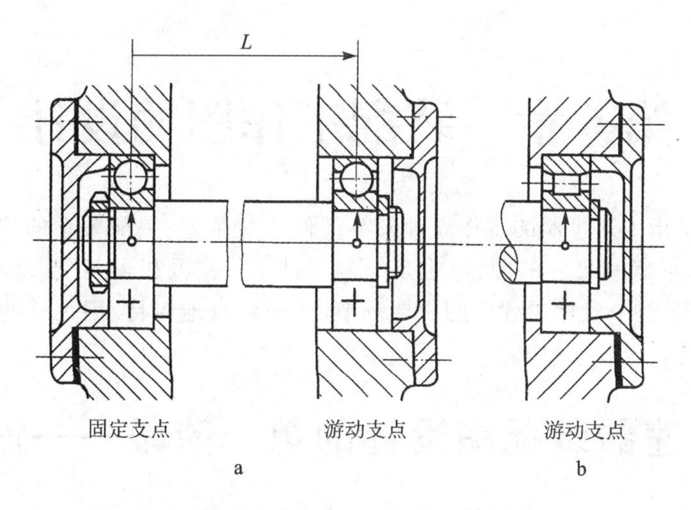

图5.14 一端固定一端游动式支承

3. 两端游动式

如图5.15所示的人字齿轮传动中,小齿轮轴两端的支承均可沿轴向游动,即为两端游动,而大齿轮轴的支承结构采用了两端固定结构。由于人字齿轮的加工误差使得轴转动时产生左右窜动,而小齿轮轴采用两端游动的支承结构,满足了其运转中自由游动的需要,并可调节啮合位置。若小齿轮轴的轴向位置也固定,将会发生干涉甚至卡死。

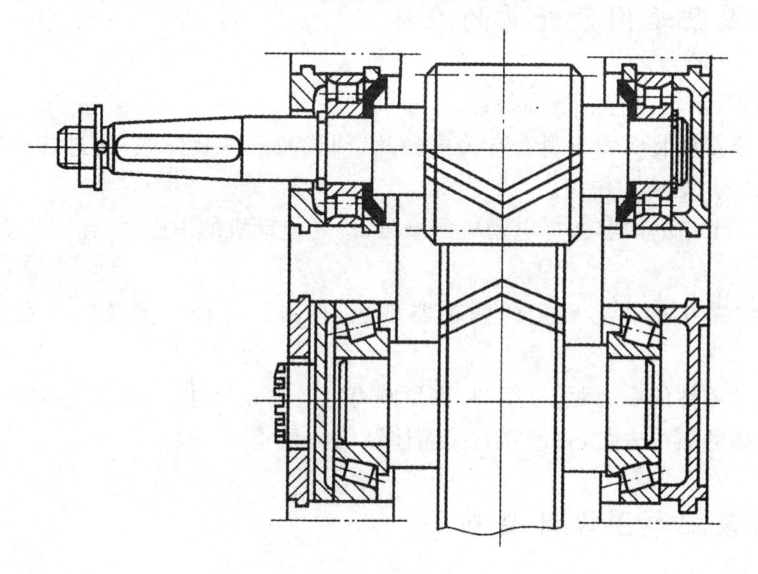

图5.15 两端游动式支承

第6章　装配工作图的设计

装配工作图是指表达机器的工作原理及零部件相对位置、装配关系的技术文件。它既是表达零部件结构、形状和尺寸的图样，也是绘制零件工作图及机器装配、调试和维护的依据。因此，绘制装配图是整个设计过程中的重要环节，必须认真地对待，用足够的视图和剖面将减速器结构表达清楚。

6.1　减速器装配图设计的第一阶段——设计准备

装配工作图的设计包括结构设计和校核计算。设计过程比较复杂。因此，初次设计时，应先绘制装配草图，经设计过程中的不断修改完善和检查后，再绘制正式的装配工作图。装配工作图设计时要综合考虑机器的工作要求以及强度、刚度、工艺、装拆、调整、润滑、密封和效益等多方面因素。在绘制装配工作图前，应翻阅有关资料，参观或拆装实际减速器，弄懂各零、部件的功用、结构、参数及特点等，从而确定自己所设计的减速器结构方案，并为画装配工作图做好技术资料准备。

6.1.1　装配草图设计前的准备

装配草图设计前需进行以下准备：

① 进行减速器拆装实验或观看有关电教片、阅读减速器装配图，通过各种渠道了解减速器各零部件的类型、结构和作用。

② 根据2.4节中的内容选择电动机的型号，确定电动机的中心高、输出轴直径、轴伸长度等尺寸。

③ 根据3.3节中的内容确定的联轴器型号，查出其孔径范围及轮毂宽度和有关装拆尺寸。

④ 计算传动零件的中心距、分度圆、齿顶圆直径及齿宽尺寸。

⑤ 确定箱体的结构方案，并计算有关箱体结构的尺寸。

6.1.2　装配草图设计要点

装配草图设计要点主要有：

① 设计装配草图时，设计者必须综合考虑减速器零部件的工作条件、材料、强度、刚度、制

造、装拆、调整、润滑密封等各方面的问题，要遵循结构设计与校核设计相结合，计算与绘图相交叉，边计算、边绘图、边修改的设计方法和“由主到次，由粗到细”设计原则，既要顾全整体，综观全局，又要重视局部和枝节等细微之处。

② 轴承及传动零件是减速器的主要零件，其他零件的结构尺寸随它而定。所以绘制装配草图时，应先画主要零件，后画次要零件；先画箱内零件，再画箱外零件，内外兼顾，由内向外逐步绘制。先画零件的中心线和轮廓线，后画细部结构。应以一个视图为主，兼顾其他视图。

6.2　减速器装配图设计的第二阶段——草图设计

现以一级圆柱齿轮减速器为例说明装配草图的设计步骤。

1. 选择比例尺，合理布置图面

根据 4.3 节中的内容估计减速器的轮廓尺寸，采用 A0 或 A1 号图纸，尽量用 1∶1的比例绘制草图。通常采用主、俯、左三个视图，并配以必要剖视和局部剖视图来表达减速器的结构。原则上应使各视图均匀地布置于图幅上。

2. 确定各零部件的相互位置

(1) 确定传动件的轮廓和相对位置。

如图 6.1 所示，在主视图和俯视图上绘制箱体内传动零件的中心线以及分度圆、齿顶圆和齿宽及轮毂长度等轮廓线。其他细部结构暂不画出。为保证全齿宽啮合和便于安装，小齿轮的齿宽 B_1 应比与其相啮合的大齿轮的齿宽 B_2 大 5～10 mm。

(2) 如图 6.2 所示，确定箱体内外壁和轴承座端面的位置。

① 大齿轮齿顶圆与箱体内壁的距离 $\Delta_1 \geqslant 1.2\delta$（$\delta$ 为箱座壁厚，见表 4.2）。小齿轮一侧的箱体内壁线暂不画出，待箱体结构设计时，按其投影关系确定。

② 箱体内壁距小齿轮端面的距离 Δ_2 主要考虑铸造和安装进度，一般取 $\Delta_2 > \delta$。

③ 箱体外壁线由箱体内壁位置及箱体壁厚 δ 确定。

④ 轴承座外端面的位置，由轴承座宽度 L 确定。对于剖分式箱体，L 的大小应考虑箱体壁厚 δ、轴承旁联接螺栓扳手空间尺寸 C_1、C_2（见表 4.1）的大小以及区分加工面与非加工面的尺寸 8～12 mm。即 $L = \delta + C_1 + C_2 + (8 \sim 12\ \text{mm})$。

(3) 确定轴承和轴承端盖的位置。

① 轴承在轴承座孔中的位置与轴承的润滑方式有关。若轴承采用箱体内的润滑油润滑，则轴承内端面至箱体内壁的距离 Δ3＝3～5 mm，如图 5.3a 所示；若轴承采用脂润滑，为了防止润滑油溅入轴承内带走润滑脂，需在轴承内侧放置挡油环，该情况下，应使轴承内侧端面与箱体内壁有 $\Delta_3 = 10 \sim 15$ mm，如图 5.3b 所示。轴承宽度 B 由初选的轴承型号确定。

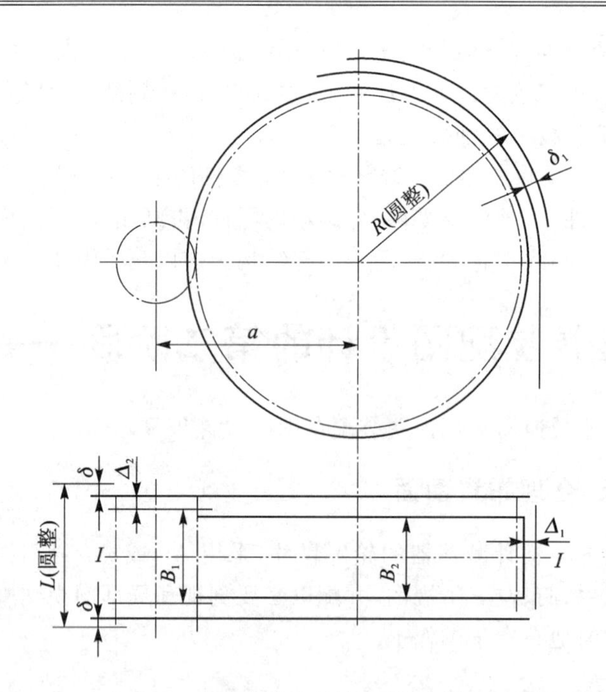

图 6.1　确定传动件的轮廓和相对位置

② 若采用嵌入式轴承端盖,应使端盖外端面与箱体外壁在同一平面上;若采用凸缘式端盖,则端盖外端面的位置由其凸缘厚度 e 决定。一般取 $e=1.2d$(d 为端盖联接螺钉的直径,见表 4.7)。

3. 轴的结构设计

绘制出减速器各零、部件的相互位置之后,尚须确定轴的结构。轴的结构尺寸的确定如下所述:

(1) 确定各轴段的径向尺寸。各轴段径向尺寸的确定方法可参考 5.1 节中的有关内容。其中,安装定位套和挡油板处的直径可与轴承处的直径相同,也可不同。

(2) 确定各轴段的长度。各轴段长度的确定可参考 5.1 节中的有关内容。绘图时还应注意以下两点。

① 轴在轴承座孔中的长度取决于轴承座的宽度 L。如图 6.2 所示,$L=m+B+\Delta_3$,式中轴承端盖定位止口的宽度 m 不应太短,否则在拧紧螺钉时,会使端盖发生歪斜。一般取 $m=(0.10\sim0.15)D$(D 为轴承座孔直径)。

② 轴伸出箱体外的长度,与轴上零件的装拆及轴承端盖螺钉的装拆有关。一般情况下可取轴上零件与端盖间的距离 $L_1=15\sim20$ mm。

至此,装配草图完成情况如图 6.2 所示。

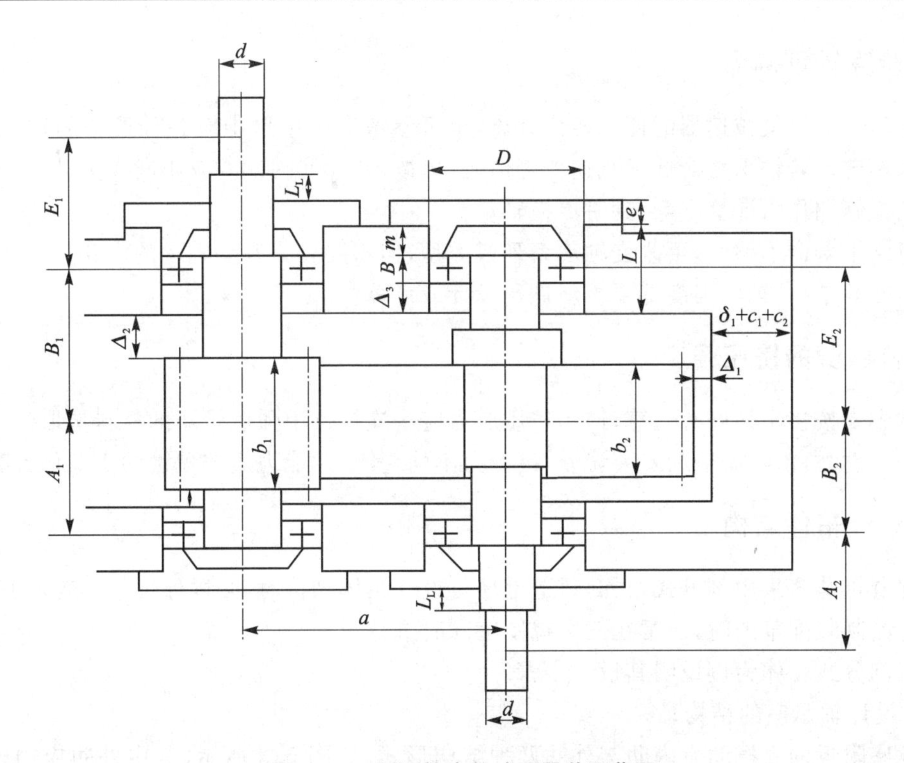

图 6.2　一级圆柱齿轮减速器装配草图

4. 确定轴上支点跨距,校核轴的强度

根据轴承类型和各轴的结构尺寸,参考 5.2 节中的内容计算出轴的支撑点跨距,计算支反力,绘制轴的弯矩图和扭矩图,按弯扭合成强度进行校核。若强度不足,可加大轴径并同时修改轴及相关零件的结构尺寸。

进行轴的强度校验计算还应注意以下问题:

① 轴两支点之间的距离和力作用点的位置可以直接从装配草图上量取,而支点位置与轴承类型有关,一般可认为作用于轴承宽度的中间。故轴上零件作用力一般当作集中力作用于轮缘宽度的中间。

② 计算轴的强度时,要画出受力简图并按适当比例画出弯矩、扭矩图,在弯矩、扭矩图上的特征点必须注明数值大小。

③ 轴的强度验算方法有两种。对于一般工作条件的轴,按弯扭合成进行强度验算即可,重要的轴还必须进行精确校核。但在轴的结构设计时,应尽量考虑采取有利于提高轴的疲劳强度的各种结构措施。

5. 验算轴承寿命

轴承寿命一般按减速器的使用寿命计算,也可参考有关手册中对各种设备的轴承使用寿命推荐来选定。若轴承寿命低于减速器寿命时,可改用5 000～10 000小时作为计算寿命或把减速器的检修期作为计算寿命,到时更换轴承。

验算结果寿命不够时,可改变轴承系列或类型,但不要轻易改动轴承的内孔尺寸或支点位置,否则,轴的结构、轴的强度都要重新进行设计或计算。

6. 校核键的挤压强度

平键主要按挤压强度来验算,许用挤压应力应按连接件中强度较弱的材料选取。

采用双键时,由于制造和安装误差,键受力不均,其承载能力应按单键的1.5倍计算。

7. 设计箱体结构

减速器箱体多采用剖分式结构,铸造毛坯。设计箱体结构时,必须保证其具有足够的强度和刚度。绘制装配草图时,通常在三个视图上同时进行。

现以剖分式箱体为例说明其设计步骤。

(1) 设计轴承座的结构。

轴承座附近的支撑肋有内肋与外肋两种结构形式,如图6.3所示,其中外肋应用较广泛。肋板厚度尺寸可参考表4.2确定。

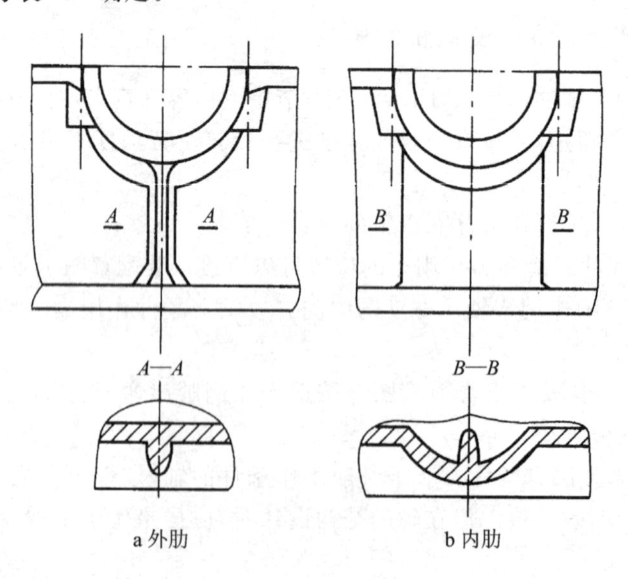

图6.3 箱体的外肋和内肋

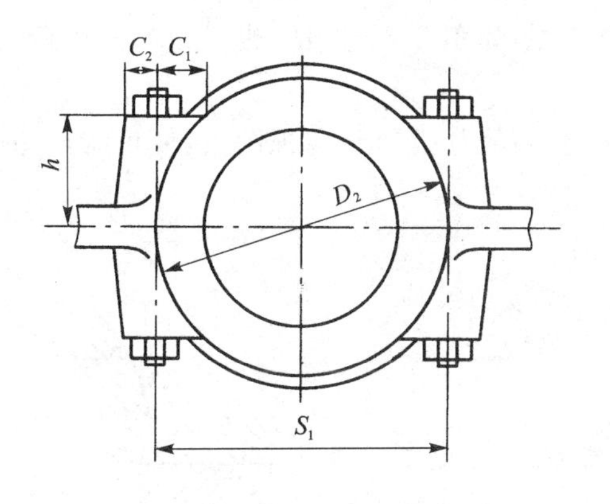

图 6.4　轴承旁凸台结构

(2) 设计轴承旁联接螺栓凸台的结构。

为保证箱座与箱盖的联接刚度,应使轴承座孔两侧的联接螺栓的距离 S_1 尽量小,为此应在轴承座旁边位置设置凸台,如图 6.4 所示,同时还应保证该螺栓不与轴承端盖的联接螺栓发生干涉。一般取 $S_1=D_2$(D_2 为轴承座外径)。绘图时可使螺栓中心线与轴承座孔外圆相切,凸台高度 h 由扳手空间尺寸 C_1、C_2 确定,如图 6.4 所示。绘图时可由作图法确定,如图 6.5a 和图 6.5b 所示。当凸台位于箱壁外侧时,凸台可按图 6.5b 所示的结构结构设计。

另外,当箱体同一侧面有多个大小不等的轴承座时,轴承座旁凸台的高度应尽量相同,以保证轴承旁联接螺栓长度一致,减少螺栓的规格。

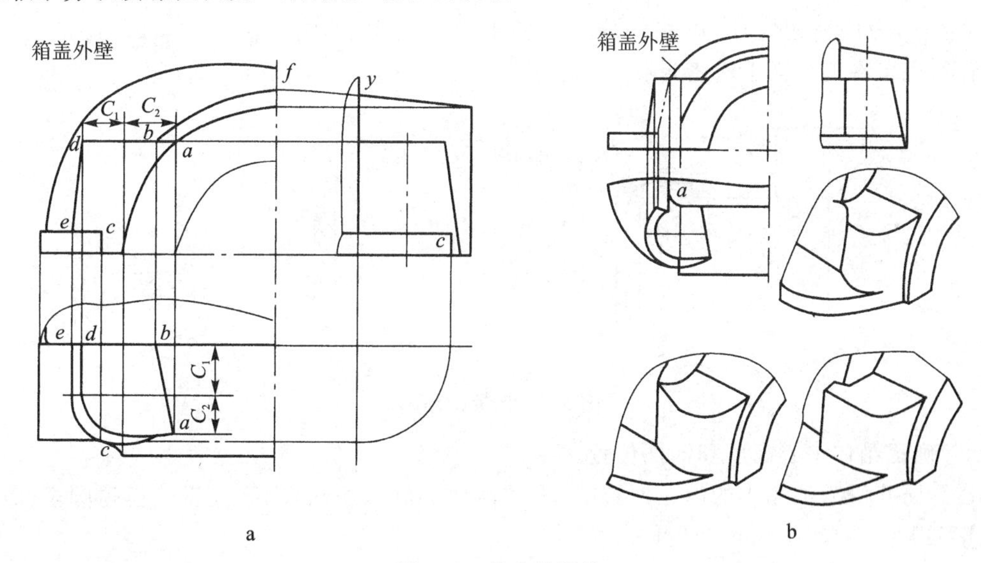

图 6.5　凸台的画法

(3) 设计箱盖结构。

箱盖顶部在主视图上的外廓由圆弧和直线组成,大齿轮一侧的箱盖外廓圆弧确定如图 6.1 主视图所示,直线部分为大齿轮一侧的箱盖圆弧与小齿轮一侧的箱盖圆弧的连接切线,须待小齿轮一侧箱盖圆弧确定以后再画,绘图时先画主视图,其他视图按投影关系画。

① 大齿轮一侧箱盖的外表面圆弧半径 $R_A=r_a+\Delta_1+\delta_1$($r_a$ 为大齿轮齿顶圆半径,Δ_1、δ_1 见表 4.2),一般情况下,轴承旁联接螺栓凸台均在该圆弧内侧。

② 小齿轮一侧箱盖的外表面圆弧半径,应使该外圆表面的轮廓线在主视图上的投影在轴

承旁凸台附近,此圆弧轮廓线可以在轴承旁凸台的外侧,如图 6.5a 所示;也可以在其内侧,如图 6.5b 所示。

③ 主视图上小齿轮一侧的箱盖结构确定后,将有关部分投影到俯视图上,便可画出箱体内壁、外壁及凸缘等结构。

(4) 设计箱座与箱盖联接凸缘的结构。

① 为保证箱盖与箱座的联接刚度,箱座与箱盖联接凸缘应有足够的厚度 b_1 和 b_2,凸缘还应有足够的宽度 B,一般取 $B \geqslant C_1 + C_2 + \delta$($C_1$、$C_2$、$\delta$ 见表 4.2),如图 6.6 所示。

② 为保证联接处的密封性,箱体凸缘的联接螺栓之间的距离不应过大。对于中小型减速器,一般取 100～150 mm;对于大型减速器,一般取 150～200 mm,而且应对称布置,并注意不要与吊耳、吊钩、定位销等结构相干涉。

应特别注意,为保证轴承座孔的精度,箱盖与箱座剖分面处不能加垫片,为保证密封性,可在剖分面上加工出回油沟,如图 6.7 所示,也可在剖分面上涂密封胶。

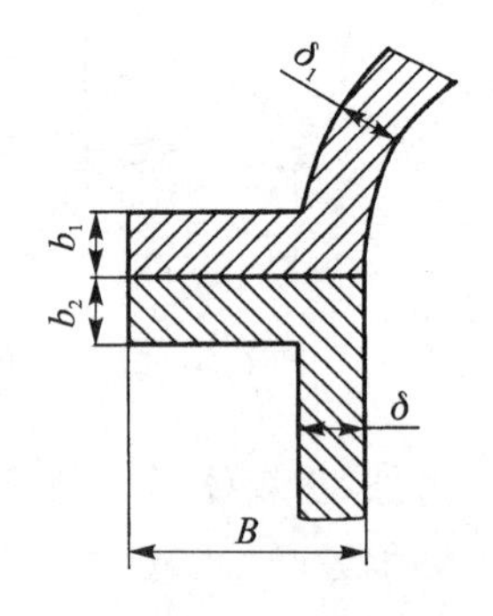

图 6.6　箱体联接凸缘结构

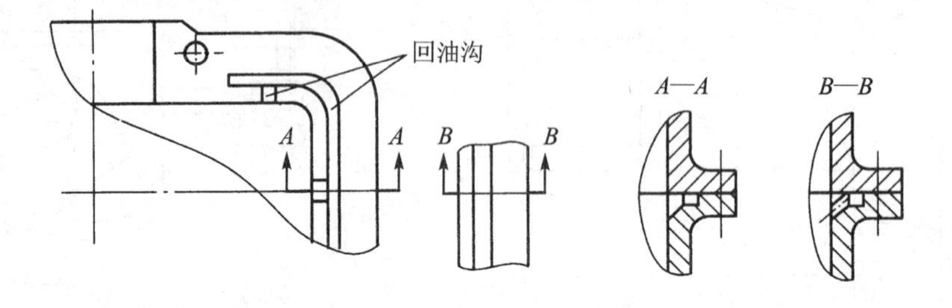

图 6.7　回油沟结构

(5) 确定箱体中心高度和油面位置。

① 为防止浸入油箱中的齿轮回转时,将油池底部的沉积物搅起,大齿轮齿顶圆至油底面的距离不得小于 30～50mm,如图 6.8 所示。

② 为保证传动件得到充分的润滑,同时避免搅油损失过大,圆柱齿轮的浸油深度不应超过其分度圆直径 1/3,一般为一个全齿高,但不应小于 10 mm。

(6) 设计箱座底凸缘结构。

箱座底凸缘结构尺寸可参见表 4.2 有关内容。需要注意的是,地脚螺栓孔间距不应过大,一般为 150～200 mm,以保证其联接刚度,螺栓数目一般为 4、6、8 个。

(7) 设计箱体油沟结构。

① 为保证减速器箱体的密封性,应在箱体的剖分面上加工出输油沟,以使渗入剖分面的油沿输油沟流入箱内。

② 若轴承利用箱内传动零件飞溅到箱盖上的油进行润滑，则应在箱座剖分面上开设输油沟，以使箱盖内壁上的油沿输油沟并经轴承盖上的导油槽流入轴承，如图 6.9 所示。为了便于箱盖上的油流入输油沟，可在箱盖内壁的分箱面边缘处加工出适当的斜面，如图 4.9 所示。

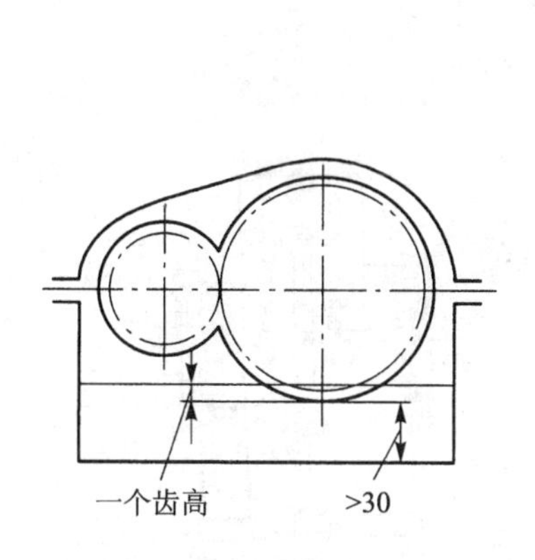

图 6.8　减速器油面油池深度

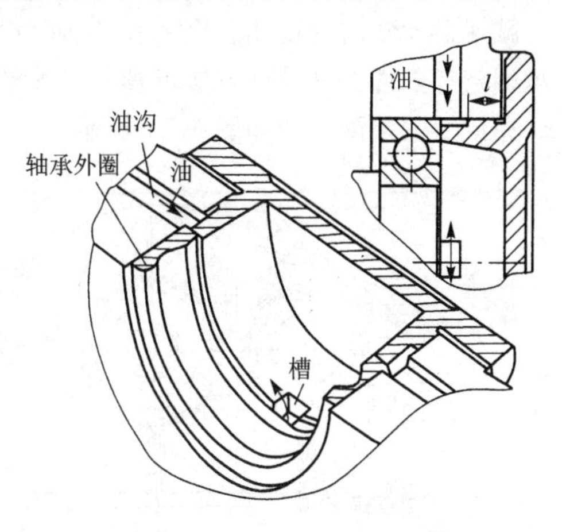

图 6.9　轴承盖上的导油槽结构

③ 当箱内传动零件的圆周速度低于 2 m/s 时，溅油效果较差。为保证轴承的润滑，可在箱体内壁加刮油板，将油从传动零件上刮下来，导入轴承进行润滑，如图 6.10 所示。

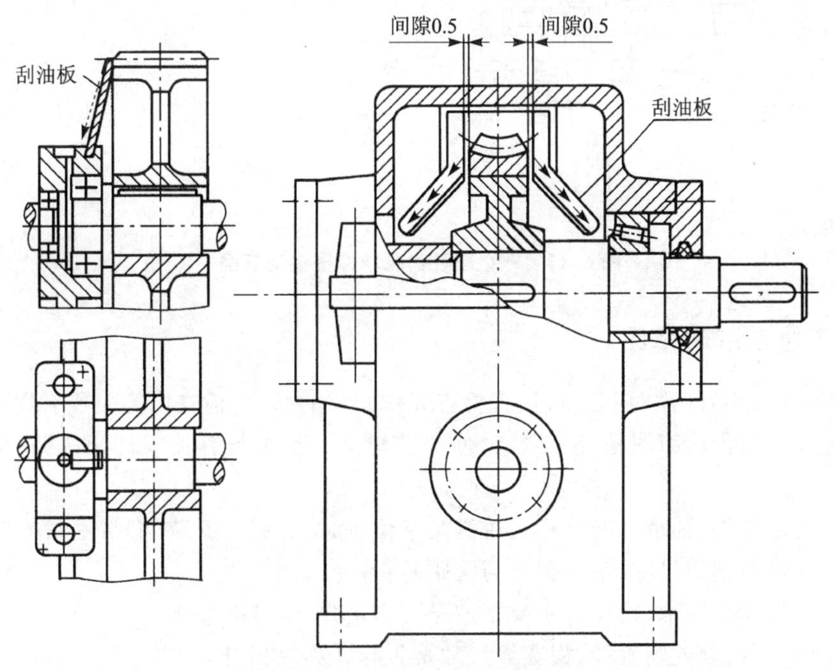

图 6.10　滚动轴承的刮油板润滑

设计减速器箱体时,应特别注意其工艺性要求。

8. 设计减速器附件结构

减速器通常有窥视孔及窥视孔盖、通气器、油标、定位销、放油螺塞、启盖装置、起吊装置及轴承端盖等附件。其设计方法可参考 4.4 节有关内容。

完成后的装配草图如图 6.11 所示。

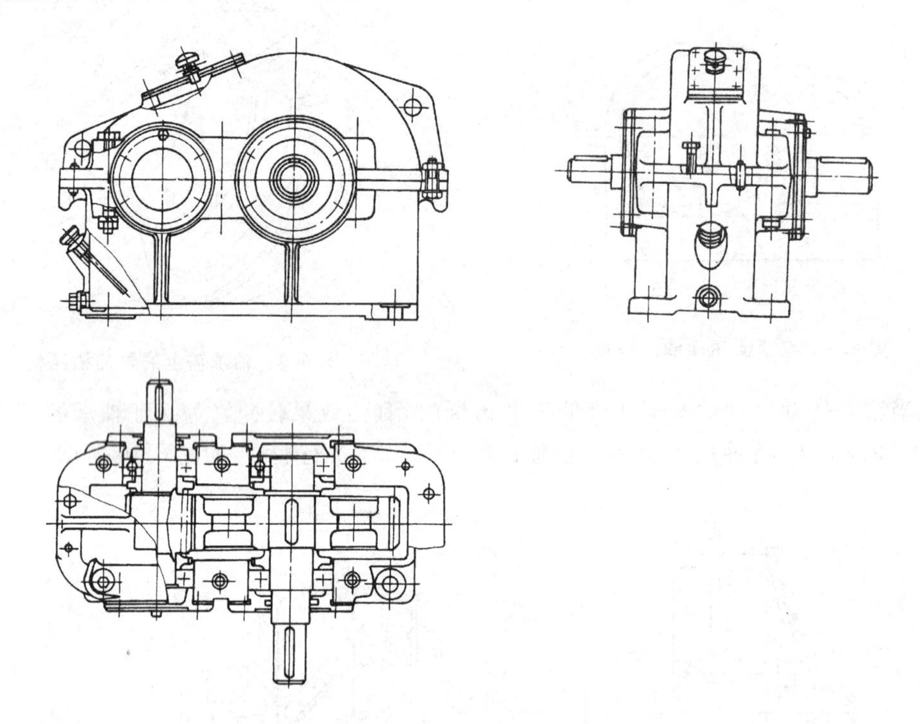

图 6.11 一级圆柱齿轮减速器装配草图

9. 检查修改装配草图

装配草图完成后,还需对其进行认真检查并作必要的修改,检查内容主要有以下几方面:

① 装配草图与传动简图是否一致;轴伸的结构尺寸是否与有关零件相协调,是否满足安装调整要求。

② 轴系传动零件、轴承等的结构是否满足定位、固定、调整、安装、润滑密封等要求。

③ 传动零件与轴的尺寸、轴承型号与跨距是否一致。

④ 传动零件、轴、轴承、箱体等主要零件是否满足强度、刚度要求。

⑤ 齿轮中心距、分度圆直径、齿宽等尺寸是否与计算值相符。

⑥ 箱体结构和加工工艺是否合理,附件布置是否恰当,结构是否正确。

⑦ 视图选择是否正确,结构表达是否清楚,是否符合国家标准。

6.3 减速器装配图设计的第三阶段——装配工作图设计

装配工作图是在装配草图的基础上绘制的。减速器装配工作图主要包括以下内容:

① 表达减速器装配结构的一组视图。

② 必要的尺寸及配合。

③ 技术特性。

④ 零件序号。

⑤ 明细表和标题栏。

6.3.1 绘制装配工作图视图要点

根据装配草图确定的图幅、比例,并考虑装配工作图的各项内容,合理布置图面。绘图要点如下。

① 在完整正确地表达零部件结构形状和部分之间未知关系的前提下,采用的视图数量应尽可能地少。

② 绘图时,应尽量将减速器的工作原理和主要装配关系集中表达在一个基本视图上(齿轮减速器一般集中在俯视图上)。

③ 尽量避免采用虚线,必须表达的内部结构和细部结构可采用局部剖视图、局部断面图进行表达。

④ 某些结构可按国家标准规定,采用简化画法、省略画法和示意法。例如,同一类型、规格尺寸的螺栓联接,可以只画一个,其余用中心线表示。

⑤ 装配工作图绘制完后,不要加深,待零件工作图完成后,修改装配图中某些不合理的结构尺寸再加深。

6.3.2 标注尺寸

装配工作图上应标注如下 4 种尺寸。

(1) 外形尺寸。指减速器的长、宽、高,表示减速器所占空间位置的尺寸,以供包装、运输和车间布置场地用。

(2) 安装尺寸。指减速器安装在基础上或安装其他零部件所需的尺寸。主要有箱体底面尺寸(长和宽);地脚螺栓的中心距、直径及定位尺寸;减速器中心高;输入轴和输出轴外伸端的配合长度直径及伸出距离等。

(3) 配合尺寸。指减速器内主要零件的配合处尺寸、配合代号和精度等级等。凡是有配合要求的结合部位,都应标注配合类型及配合尺寸,如传动零件与轴头、轴承内孔与轴颈、轴承外圈与箱体座孔等。如轴与传动件、轴承、联轴器的配合尺寸;轴承与轴承座孔的配合尺寸等。

标注配合时,需确定选用何种基准制、配合特性及配合精度等级等三个问题,正确解决这些问题对于提高减速器工作性能,改善装拆和加工工艺性,降低减速器成本,提高经济效益多方面具有重要意义。

选择配合时,应优先选用基孔制。表10－18列出了优先配合特性,设计时可参考选用。

(4) 特性尺寸。指表示减速器性能和规格的尺寸,如传动零件的中心距及其偏差等。

标注尺寸时,应将尺寸尽可能标注在反映减速器主要结构和装配关系的视图上,并尽量布置在视图轮廓线的外面,整齐排列。

6.3.3 编写零件序号

装配工作图上所有零件都应标出序号,零件序号的编写应符合国家标准;零件序号在装配图上应按顺序整齐排列,不得遗漏和重复;编号与零件之间用指引线相连,指引线之间不得相交,也不得与有关剖面线平行。但对于结构、材料、尺寸相同的零件只能编写一个序号;一组紧固件(如螺栓、螺母、垫圈)及装配关系清楚的零件组可采用一条公共指引线;对于独立部件(如滚动轴承、油标等)可作为一个零件编号。

6.3.4 编写标题栏和明细表

明细表是减速器所有零件的详细目录,标题栏和明细表应布置在图纸右下角,明细表由下而上填写。明细表中应完整地写出零件名称、材料、主要尺寸;标准件应按规定方法标注;材料应注明牌号,材料的品种规格应尽可能少;独立部件(轴承、通气阀等)可作为一个零件标注;齿轮必须注明主要参数,如模数 m、齿数 z、螺旋角 β 等。

机械零件课程设计标题栏和明细表的格式如图6.12所示。

序号	名称	数量	材料	标准	备注
10	45	10	20	40	
……	……	……	……	……	……
03	角接触球轴承720 6C	2		GB/T 292—1994	外购
02	螺栓M10×40	2		GB/T 5782—2000	
01	箱座	1	HT200		
序号	名称	数量	材料	标准	备注

<table>
<tr><td colspan="3" rowspan="2">(装配图或零件图名称)</td><td>比例</td><td></td><td>图号</td><td></td></tr>
<tr><td>数量</td><td></td><td>材料</td><td></td></tr>
<tr><td>设计</td><td></td><td>(日期)</td><td colspan="2" rowspan="3">(课程名称)</td><td colspan="2" rowspan="3">(校名班号)</td></tr>
<tr><td>绘图</td><td></td><td></td></tr>
<tr><td>审阅</td><td></td><td></td></tr>
<tr><td>15</td><td>35</td><td>15</td><td colspan="2">40</td><td colspan="2">45</td></tr>
<tr><td colspan="7">150</td></tr>
</table>

图 6.12　标题栏和明细表格式

6.3.5　编制减速器技术特性表

在减速器装配工作图的适当位置列表写出减速器的技术特性。其内容包括输入功率、转速、各级传动比、总传动比、传动效率和传动特性等。其内容和格式如表 6.1 所列。

表 6.1　技术特性表格式

输入功率 P/kW	输入转速 /(r/min)	效率 η	总传动比 i	传动特性							
				第一级				第二级			
				m_n	z_2/z_1	β	精度等级	m_n	z_2/z_1	β	精度等级

6.3.6　编写技术要求

装配工作图上的技术要求是用文字说明在视图上无法表示的有关装配、调整、检验、润滑、维护等方面的要求,以保证机器的工作性能。减速器的技术要求主要有以下内容。

1. 对安装调整的要求

装配前应用煤油清洗所有的零件。减速器箱体不得有任何杂物。箱体内壁应涂防浸蚀的涂料。

(1) 对传动零件的要求。齿轮或蜗轮安装后,应保证所需的传动侧隙和齿面接触斑点,而且在技术要求中必须给出具体数值。侧隙大小及接触斑点要求应根据传动精度等级确定。侧隙的检验方法是将塞尺或铅片塞进相互啮合的两齿面之间,然后测出塞尺厚度或铅片变形后的厚度。接触斑点的检验方法是,在主动件齿面上涂色,使其传动,观察从动件的齿面着色情况,由此分析接触区的位置及接触面积的大小。

(2) 对滚动轴承的调整要求。减速器在装配时,滚动轴承应留有适当的轴向游隙,以保证轴承正常工作。游隙的大小应在技术要求中说明。当采用可调整间隙的轴承时,游隙大小可根据配合过盈量的大小和温升大小情况在 0.02～0.15 mm 内选取;当采用不可调整间隙的轴承时,应在轴承端盖和轴承外圈端面之间留 0.25～0.4 mm 的间隙。

2. 对润滑的要求

在技术要求中必须说明传动件及轴承所使用的润滑剂的牌号、用量和更换时间。

选用润滑器种类的依据是传动特点、载荷的性质和大小、运转速度的高低等。对于高速、重载、频繁启动、长期运转的工作条件,一般选用黏度大、油性好的润滑油。而对于在轻载及间歇运转条件下工作的传动件,选用黏度低的润滑油。当传动件和轴承采用同一种润滑剂时,应优先满足传动件的要求,同时适当兼顾轴承的要求。

3. 对密封的要求

箱盖和箱体的结合面、各零部件之间的接触面及密封处,均不允许漏油。剖分面上不允许使用垫片,但可以涂密封胶或水玻璃。

4. 对试验的要求

减速器的试验包括空载试验和负载试验。

空载试验时,在额定转速下,正反各转 1 h,要求运转平稳,噪声小,连接处不松动,不渗油。

负载试验时,在额定功率和额定转速下运转,油池温升不应超过 35 ℃,轴承温升不应超过 40 ℃。

5. 对外观包装运输的要求

减速器箱体未加工面应涂漆。外伸轴及零件应涂油并包装严密。运输及装卸时不可倒置。

第7章　零件工作图的设计

7.1　零件工作图设计概述

装配图只是确定了机器或部件中各个部件或零件间的相对位置关系、配合要求及总体尺寸，而每个零件的全部尺寸及加工要求等并没有在装配图上反映出来，因而装配图不能直接作为加工依据，必须绘制零件工作图。

零件工作图是由装配工作图拆绘、设计而成的。它是零件制造、检验和制订工艺规程的基本技术文件，应包括制造和检验零件所需的全部内容。

在课程设计中，主要是锻炼学生的设计能力及掌握零件工作图的内容、要求和绘制方法。

7.1.1　零件工作图的设计内容

绘制零件工作图时，一般应正确选择视图，合理标注尺寸，标注公差及表面粗糙度，编写技术要求和正确填写标题栏。

1. 正确选择视图

零件视图应选择能清楚而正确地表达出来零件各部分结构形状和尺寸的视图，俯视图及剖视图的数量应为最少。在可能条件下，除较大或较小的零件外，通常尽可能采用1∶1的比例绘制零件图，以直观地反映出零件的真实大小。

2. 合理标注尺寸

在标注尺寸前，应分析零件的制造工艺过程，从而正确选定尺寸基准。尺寸基准应可能与设计基准、工艺基准和检验基准一致，以利于对零件的加工和检验。标注尺寸时，要做到尺寸齐全，不遗漏，不重复，也不能封闭。标注要合理、明晰。在装配图未绘出的零件的细小部分结构，如零件的圆角、倒角、退刀槽及铸件壁厚的过渡部分等结构，在零件图上要完整、正确地绘制出来并标注尺寸。

3. 标注公差及表面粗糙度

对于配合尺寸或精度要求较高的尺寸，应标注出尺寸的极限偏差，作为零件加工是否达到要求并成为合格品的依据。同时根据不同要求,标注零件的表面形状公差和位置公差。自由尺寸公差一般可不注出。

零件的所有加工表面,均应注明表面粗糙度的数值。遇有较多的表面采用相同的表面粗糙度数值时,为了简便起见,可集中标注在图纸的右上角,并加"其余"字样。

4. 技术要求

凡是用图样或符号不便于表示,而在制造时又必须保证的条件和要求,都应以"技术要求"加以注明。它的内容比较广泛多样,需视零件的要求而定。一般应包括:

① 对铸件及毛坯的要求,如要求不允许有氧化皮及毛刺等。

② 对零件表面机械性能的要求,如热处理方法及热处理后表面硬度、淬火深度及渗碳深度等。

③ 对加工的要求,如是否要求与其他零件一起配合加工。

④ 对未注明的圆角、倒角的说明,个别部位修饰的加工能力要求,例如表面涂色等。

⑤ 其他特殊要求。

5. 填写零件图的标题栏

对零件的名称、零件号、比例、材料和数量等,必须正确无误地在标题栏中填写清楚。

7.1.2 零件工作图的设计要求

零件工作图的设计要求为:

① 每个零件的工作图必须单独绘制在一个标准图幅中,用尽量少的视图将零件的结构形状和尺寸表达清楚。为增加零件的真实感,尽量采用1∶1的比例。

② 零件的基本结构和主要尺寸应与装配工作图相符,若有改动,则应对装配图作相应的修改。

③ 尺寸标注要正确、清晰,应以一个视图为主,不得遗漏、重复和封闭,并正确选择尺寸基准。

④ 凡是用图样和符号不便于表示,而在制造和检验时又必须保证的条件和要求,均可在技术要求中用文字说明。

7.2　轴类零件工作图的设计

7.2.1　绘制视图

对于轴，一般只需画一个视图，在有键槽和孔的部位，可增画断面图。其他细部结构（如退刀槽、砂轮越程槽、中心孔等）可采用局部放大图。

7.2.2　标注尺寸及尺寸公差

轴类零件主要是标注直径尺寸（径向尺寸）和长度尺寸（轴向尺寸）。标注直径尺寸时各段直径都要逐一标注，其配合直径还应标出尺寸偏差。此外，各段之间圆角和倒角也应标注出来，不可遗漏或省略。在标注轴的长度尺寸时要符合机械加工的工艺过程，需要考虑基准面和尺寸链问题，不允许出现封闭环尺寸。在标注键槽尺寸时，除标注键槽长度尺寸外，还应注意标注键槽的定位尺寸。

轴类零件的主要尺寸有径向尺寸、轴向尺寸及键槽、砂轮越程槽等细部尺寸。

(1) 径向尺寸。应在各轴段逐一标出直径尺寸，如图7.1所示。同一尺寸的各段直径应

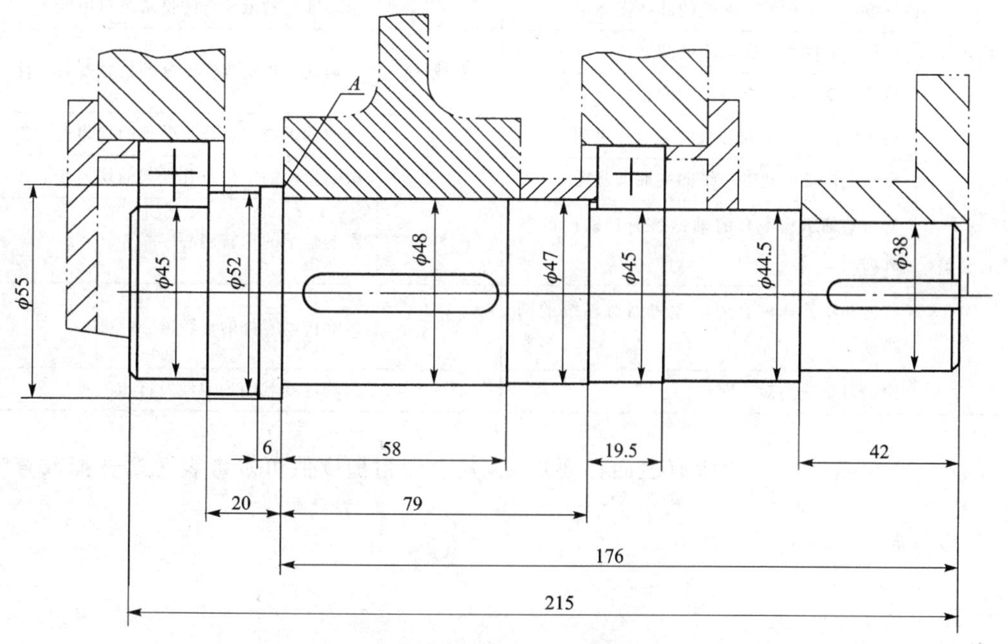

图7.1　轴工作图尺寸标注示例

分别标注(如图7.1中的两段 $\phi45$ 直径的标注),不得遗漏。配合处的直径都应标注尺寸极限偏差,其极限偏差值可根据装配图上的配合代号查得。

(2) 轴向尺寸。标注轴向尺寸时,应正确选择主要基准和辅助基准,以保证轴上零件的轴向定位。同时应考虑设计及工艺要求,采用合理的标注形式,尽可能使标注的尺寸反映加工工艺及测量要求。通常使最不重要的尺寸(不影响装配精度的尺寸)作为封闭尺寸链。图7.1所示的尺寸标注选择了轴肩面 A 为主要基准,左右两端面为辅助基准以保证齿轮和联轴器的轴向定位。$\phi44.5$ 和 $\phi47$ 两轴段为封闭环,因该轴段尺寸误差不影响装配精度,为不重要尺寸。

(3) 键槽尺寸。键槽的结构尺寸及其相应的尺寸极限偏差应按键槽的有关规定标注,具体数值可参考第15章有关内容。另外,还应标注键槽的定位尺寸。

7.2.3 标注形位公差及表面粗糙度

(1) 形位公差。轴类零件的形位公差项目主要有圆度、圆柱度、径向圆跳动、端面圆跳动和对称度等。表7.1列出了各公差项目的精度等级,可供设计时参考,其公差值可查GB/T 1184-1996。

表7.1 轴的形位公差推荐标注项目及精度

类别	标注项目	精度等级	对工作性能的影响
形状公差	与滚动轴承相配合轴段的圆柱度	6	影响轴与轴承配合的松紧及对中性
	与传动零件相配合轴段的圆度	7或8	影响轴与传动零件配合的松紧及对中性
	与传动零件相配合轴段的圆柱度		
位置公差	轴承定位端面对轴心线的端面圆跳动	6	影响轴承的定位及其受载的均匀性
	齿轮定位端面对轴心线的端面圆跳动	6~8	影响齿轮的定位及其受载的均匀性
	与滚动轴承相配合的轴颈表面对轴线的圆跳动	6	影响轴承的运转偏心
	与传动零件相配合的轴颈表面对轴线的圆跳动	6~8	影响传动零件的运转偏心
	键槽对轴线的对称度	7~9	影响键受载的均匀性及拆装的难易

(2) 表面粗糙度。轴的所有表面都要加工,其表面粗糙度值可参考表7.2选择或查设计手册。

表 7.2　轴加工表面粗糙度推荐用值

加工表面	表面粗糙度值 $Ra/\mu m$			
与滚动轴承相配合的表面	0.8(轴承内径不大于 80 mm)、1.6(轴承内径大于 80 mm)			
与传动零件及联轴器轮毂相配合的表面	1.6			
与传动零件及联轴器相配合的轴肩端面	3.2			
与滚动轴承相配合的轴肩端面	1.6～3.2			
平键键槽	工作面：3.2　非工作面：6.3			
密封处表面	毡圈密封	橡胶密封		非接触式密封
	与轴接触处的圆周速度/(m/s)			3.2～1.6
	≤3	＞3～5	＞5～10	
	3.2～0.8	1.6～0.4	0.8～0.2	

7.2.4　编写技术要求

轴类零件工作图的技术要求包括以下内容。

① 对材料力学性能的要求，如热处理方法、热处理以后的硬度渗碳深度及淬火深度等。

② 对加工的要求，如是否要保留中心孔，如要保留，应在零件工作图上画出中心孔或按国标加以说明；某些表面是否需要与其他零件配合加工(如配钻、配铰等)，如需要应加以说明。

③ 对未注倒角、圆角的说明；对个别部位修饰加工的说明及对较长轴的毛坯校直的说明等。

轴类零件工作图参见图 9.3 和图 9.5。

7.3　齿轮类零件工作图的设计

齿轮类零件包括齿轮、蜗杆和蜗轮等。这类零件图中除了视图和技术要求外，还应有啮合特性表，它一般安置在图纸的右上角。表中内容由两部分组成：第一部分是基本参数及精度等级；第二部分是齿根部和传动的检验项目以及它的偏差或公差值。下面以圆柱齿轮为例说明该类零件工作图的设计。

7.3.1　绘制视图

齿轮工作图通常用两个视图表达。将齿轮轴线水平放置，采用全剖或半剖画出其主视图，再画出其左视图。左视图可以全部画出,也可以画成局部视图,只表达轴孔和键槽的结构尺寸,如图9.4所示。

7.3.2 标注尺寸及尺寸公差

齿轮的尺寸主要有径向尺寸、齿宽方向的尺寸、键槽的结构尺寸和腹板的结构尺寸等。

齿轮的轮毂孔和端面既是加工时的定位基准,又是测量和安装基准,所以,应以轮毂孔中心线和端面为基准进行尺寸标注。

(1) 径向尺寸。齿轮的径向尺寸有分度圆直径、齿顶圆直径和轮毂孔直径。齿根圆是根据齿轮参数加工得到的结果,在图样上不必标注。标注时均以轮毂孔轴线为基准。

轮毂孔直径必须标注尺寸极限偏差,其偏差值可根据装配图上的配合代号查得。齿顶圆若作为测量基准(以齿厚极限偏差来保证齿轮副侧隙要求时),则其尺寸公差可根据表7.3选取;若齿顶圆不作为测量基准(以公法线平均长度公差来保证齿轮副的侧隙要求时),则其直径尺寸公差一般按IT11给出,但不得小于0.1 m_n(m_n为齿轮的法向模数)。

(2) 齿宽方向的尺寸。齿宽方向的尺寸应以齿轮端面为基准进行标注。

(3) 键槽的结构尺寸。键槽的结构尺寸及其偏差应按键槽的有关规定标注。

(4) 腹板的结构尺寸。腹板的结构尺寸是按结构要求确定的,标注时应进行圆整。

7.3.3 标注形位公差及表面粗糙度

(1) 形位公差。齿轮的形位公差项目有轮毂孔的圆度和圆柱度、基准端面对孔轴线的圆跳动、以齿顶为测量基准时齿顶圆对孔轴线的圆跳动以及键槽的中心平面对孔轴线的对称度等。形位公差等级及其公差值分别见表7.3和表7.4。

键槽的中心平面对孔轴线的对称度公差可按8级或9级取值。

(2) 表面粗糙度。齿轮加工表面的粗糙度值可根据各根据各表面的使用要求并参考表7.5推荐值进行标注。

表7.3 圆柱齿轮轮坯形状公差推荐用值

公差项目	齿轮精度等级	形状公差等级	对工作性能的影响
轮毂孔的圆度和圆柱度	6	IT6	影响传动零件与轴配合的松紧及对中性
	7、8	IT7	
	9	IT8	

表 7.4 圆柱齿轮齿坯基准面径向和端面圆跳动公差推荐用值

μm

分度圆直径/mm		齿轮精度等级		
大于	到	5或6	7或8	9～12
—	125	11	18	28
125	400	14	22	36
400	800	20	32	50

表 7.5 齿轮的表面粗糙度 *Ra* 推荐用值

μm

第Ⅱ公差组精度等级		6	7	8	9
R_a	齿面	0.4、0.8	0.8、1.6	1.6	3.2
	齿顶圆柱面	1.6	1.6、3.2	3.2	6.3
	基准端面	1.6	1.6、3.2	3.2	6.3
	基准孔或轴	0.8	0.8、1.6	1.6	3.2
	平键键槽	工作面:3.2～6.3		非工作面:6.3～12.5	
	其他加工表面	6.3～12.5			

7.3.4 编写啮合特性表

齿轮工作图中应有啮合特性表。其内容包括齿轮的主要参数、精度等级、检验项目等。啮合特性表应布置在图幅的右上角,具体内容和格式如图 9.4 所示。

7.3.5 编写技术要求

齿轮的技术要求包括以下内容。

① 对铸件、锻件及其他类型坯件的要求,如不允许有氧化皮、毛刺等要求。

② 对材料的力学性能和化学成分的要求及允许代用的材料。

③ 对零件表面力学性能的要求,如热处理方法、热处理后的硬度、渗碳深度及淬火深度等。

④ 对未注明倒角、圆角半径的说明。

⑤ 其他特殊要求,如对大型或高速齿轮要进行平衡试验等要求。

齿轮零件工作图参见图 9.4 所示。

7.4 铸造箱体类零件工作图的设计

7.4.1 选择视图及剖面

减速器的箱座、箱盖是结构较为复杂的零件，通常除用三个视图(主视图、俯视图和左视图)外，尚需增加必要的局部剖视图、局部放大图等，以清楚地表达各部分的结构形状和尺寸。

7.4.2 标注尺寸

根据箱座、箱盖的特点，零件图上的尺寸，归纳起来有两类。

1. 形状尺寸

部位的形状尺寸，如壁厚，箱座、箱盖的长、宽、高，孔径及其深度，圆角半径，加强肋的厚度和高度，曲线的曲率半径，槽的宽度和深度，各倾斜部分的斜度，螺纹孔尺寸，凸缘尺寸等，要按机械制图规定的标注方法全部标注出来。

2. 位置尺寸

相对位置尺寸及定位尺寸是确定箱座、箱盖各部分相对于基准的位置要求。如曲线的曲率中心，孔的中心线和斜度的起点等与相应基准间的距离及夹角。这些尺寸最易疏忽遗漏，应特别注意。标注时应选择好基准，最好以加工基准作为相对位置尺寸及定位尺寸的基准，以使加工和检验测量基准一致。例如箱座、箱盖高度方向的相对位置尺寸，常以剖分面作为基准面，即定位尺寸都从箱座和箱盖的剖分面注起，同时剖分面也是加工基准面。某些尺寸，当不能以加工面作为设计基准时，则应采用计算上较方便的基准。如箱座(或箱盖)的宽度和长度方向，可分别以纵向对称线和轴承座孔中心线作为基准。

7.4.3 标注尺寸公差和形位公差

标注尺寸公差，应注意到箱座、箱盖上轴承座孔的中心距要求具有较严格的公差，因它直接影响到装配后减速器的性能。同时对轴承座孔直径公差按装配图中配合性质查出极限偏差值，标注在图上。

形位公差的要求和标注方法可参阅以下的箱座、箱盖零件工作图。

7.4.4　标注表面粗糙度

箱座、箱盖各加工表面推荐用的表面粗糙度数值如表 7.6 所列。

表 7.6　箱座、箱盖工作表面粗糙度推荐用值

μm

工作表面	*Ra*	工作表面	*Ra*
减速器剖分面	3.2～1.6	减速器底面	12.5～6.3
轴承座孔面	3.2～1.6	轴承座孔外端面	6.3～3.2
圆锥销孔面	3.2～1.6	螺栓孔座面	12.5～6.3
嵌入盖凸缘槽面	6.3～3.2	油塞孔座面	12.5～6.3
视孔盖接触面	12.5	其他表面	＞12.5

7.4.5　编写技术要求

铸造箱体、箱盖的技术要求应包括下列几个方面：

① 轴承座孔。为了保证轴承座孔的配合要求，箱座、箱盖必须一起配镗。

② 剖分面上螺栓孔的加工说明。如采用箱座、箱盖一起配钻，或采用样板分别在箱座、箱盖上钻孔等应作必要的说明。

③ 定位销孔。应在镗制轴承座孔前，箱座、箱盖配铰定位销孔，以保证起到定位作用。

④ 齿轮(或蜗轮)减速箱上，轴承座孔轴线间的平行度和同轴度等按齿轮的传动公差标准来决定。

⑤ 铸造斜度和圆角尺寸的标注。

⑥ 时效处理及清砂要求。

⑦ 箱座、箱盖内表面需用煤油清洗，并涂漆。

以上要求，均示于箱座、箱盖零件工作图中。

7.4.6　箱座零件工作图

箱座零件工作图参见图 9.9。

第8章　设计说明书的编写

设计说明书是对课程设计过程的全面记录，整理和总结的最终技术文件。编写设计说明书是整个设计工作的一个重要环节。通过编写设计说明书，学生可对设计全过程理出清晰的思路，同时养成有条不紊、认真细致的工作作风，因此，应认真对待。

设计说明书要求从针对设计任务书所提出的方案设计或论证开始，按照设计过程的顺序进行全面的整理与总结，计算应准确，设计公式、参数等应说明其出处；说明书中还应包括相关的简图，如传动方案简图、轴的受力分析图、内力图、轴的结构设计草图等。主要设计计算结果应醒目突出，一目了然。对不同设计阶段应在目录中用大小标题加以区分，标出页次，并设计好封面，装订成册，以便查阅。

8.1　设计说明书的内容

设计说明书一般包括以下内容。

① 封面。

② 目录。

③ 设计任务书。

④ 传动方案论证(附传动方案简图)。

⑤ 电动机类型及型号的选择。

⑥ 传动装置的运动及动力参数计算。

⑦ 减速器的润滑方式、润滑油牌号和密封类型的选择。

⑧ 轴的设计与计算。

⑨ 滚动轴承的选择和计算。

⑩ 键联接的选择。

⑪ 联轴器的选择。

⑫ 课程设计小结(课程设计的体会、设计的不足和改进意见及期望)。

⑬ 参考资料(资料编号、作者、书名、出版单位、出版时间)。

8.2　设计说明书的格式要求

设计说明书的格式要求如下：

① 设计说明书封面格式，如图8.1所示。

机械设计基础课程设计

设计说明书

设计题目：______________________

__________系______________专业

______________________________班

学生姓名：______________________

指导教师：______________________

______年____月____日

图 8.1 设计说明书封面

② 设计说明书书写格式，如表 8.1 所列(以传动零件的设计计算中的齿轮设计计算说明为例)。

表8.1 设计说明书的书写格式

设计内容	计算及说明	结果
(1) 齿轮的设计	四、传动零件的设计计算	
1) 选择齿轮材料	1) 传动无特殊要求,制造方便,采用软齿面齿轮。由附表查得,小齿轮选用40MnB钢调质,240-285HBS;大齿轮选用45钢正火,170-210HBS。	小齿轮选用40MnB钢调质,大齿轮选用45钢正火
2) 按齿面接触强度设计计算	2) 钢齿轮的设计公式按 $d_1 \geqslant \sqrt[3]{\left(\frac{590}{\sigma_H}\right)^2 \times \frac{i+1}{i} \times \frac{KT_1}{\varphi_a}}$ mm	
① 计算小齿轮传递的转矩	$T_1=118\ 480$ N·mm	$T_1=118\ 480$ N·mm
② 选择齿轮齿数	小齿轮齿数 $Z_1=26$ 大齿轮齿数 $Z_2=i_2 \cdot Z_1=4.71\times26=123$	$Z_1=26$ $Z_2=123$
③ 齿轮参数选择	转速不高,功率不大,选择齿轮精度8级 载荷平稳,取载荷系数 $K=1.2$ 齿宽系数:$\varphi_a=0.9$	$K=1.2$ $\varphi_a=0.9$
④ 确定许用接触应力	由附表查得:$\sigma_{\min1}=720\ \text{N/mm}^2$ $\sigma_{\min2}=460\ \text{N/mm}^2$ 由教材查得:最小安全系数 $S_{\text{Hmin}}=1$ $[\sigma_H]=\frac{\sigma_{\min2}}{S_{\text{Hmin}}}=460\ \text{N/mm}^2$ $d_1\geqslant\sqrt[3]{\left(\frac{590}{460}\right)^2\times\frac{4.71+1}{4.71}\times\frac{1.2\times118\ 480}{0.9}}\approx68.04$ mm $a=\frac{d_1}{2}(1+i)=\frac{68.04}{2}\left(1+\frac{123}{26}\right)=194.97$ mm 取:$a=195$ mm	$[\sigma_H]=460\ \text{N/mm}^2$ $d_1\approx68.04$ mm $a=195$ mm

8.3　机械设计基础课程设计任务书

一、设计题目

设计带式输送机一级圆柱齿轮减速器

二、原始数据

参数	输送带工作拉力 F/N	输送带工作速度 v/(m/s)	滚筒直径 D/mm	每日工作时数 T/h	传动工作年限/年
数值	2 300	1.5	400	24	5

三、传动装置图

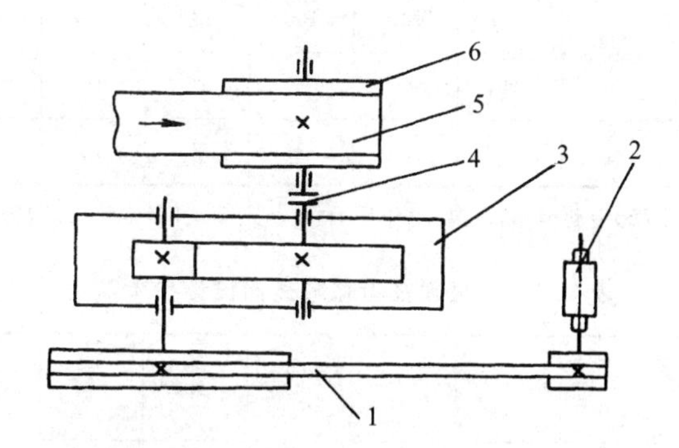

四、设计工作量:(建议两周时间)

1. 设计说明书一份;
2. 减速器装配图一张;
3. 零件工作图 2～3 张。

班级专业＿＿＿＿＿＿＿＿＿＿

学　　生＿＿＿＿＿＿＿＿＿＿

指导教师＿＿＿＿＿＿＿＿＿＿

设计起止时间　　年　月　日至　　年　月　日

＿＿＿＿＿＿＿＿＿＿＿＿＿＿学校

8.4 设计题目

8.4.1 设计参考数据

1. 一级圆柱齿轮减速器设计参考数据

表8.2 一级圆柱齿轮减速器设计参考数据

设计参数 \ 题号	1	2	3	4	5	6	7	8
输送带工作拉力 F/kN	7	6.5	6	5.5	5.2	5	4.8	4.5
输送带工作速度 V/(m/s)	2	1.9	1.8	1.7	1.6	1.5	1.4	1.3
滚筒直径 D/mm	400	400	400	420	420	440	440	450
每日工作小时/h	16	16	16	16	16	16	16	16
使用年限/年	8	8	8	8	10	10	10	10

注：空载起动，载荷平稳、传动可靠，常温、工作环境多灰，连续工作，传动比误差±4%。

表8.3 一级圆柱齿轮减速器设计参考数据

设计参数 \ 题号	1	2	3	4	5	6	7	8
输送功率 P/kW	3	3.5	4	4.5	4.8	5	5.5	6
输送轴转速 n/(r/min)	70	75	75	80	80	82	85	85
每日工作小时/h	24	24	24	24	24	24	24	24
使用年限/年	8	8	8	8	8	8	8	8

注：连续单向传动，有轻微冲击、常温、工作环境多灰，传动比误差±5%。

2. 二级圆柱齿轮减速器参考数据

表 8.4　二级圆柱齿轮减速器参考数据

设计参数＼题号	1	2	3	4	5	6	7	8
工作机输入转矩 T/NM	800	850	900	950	800	850	900	800
输送带工作速度 V/(m/s)	1.2	1.25	1.3	1.35	1.4	1.45	1.2	1.3
滚筒直径 D/mm	300	320	340	360	380	400	420	350
每日工作小时/h	16	16	16	16	16	16	16	16
使用年限/年	8	8	8	8	10	10	10	10

注：连续单向传动，有轻微冲击、常温、工作环境多灰，传动比误差±5%。

表 8.5　二级圆柱齿轮减速器参考数据

设计参数＼题号	1	2	3	4	5	6	7	8
输送带工作拉力 F/kN	1.6	1.8	2.0	2.5	1.6	1.8	2.0	2.2
输送带工作速度 V/(m/s)	1.5	1.6	1.7	1.8	2.0	1.8	1.7	1.6
滚筒直径 D/mm	400	400	400	400	500	500	500	500
每日工作小时/h	16	16	16	16	16	16	16	16
使用年限/年	8	8	8	8	8	8	8	8

注：连续单向传动，有轻微冲击、常温、工作环境多灰，传动比误差±5%。

8.4.2　设计参考传动方案图

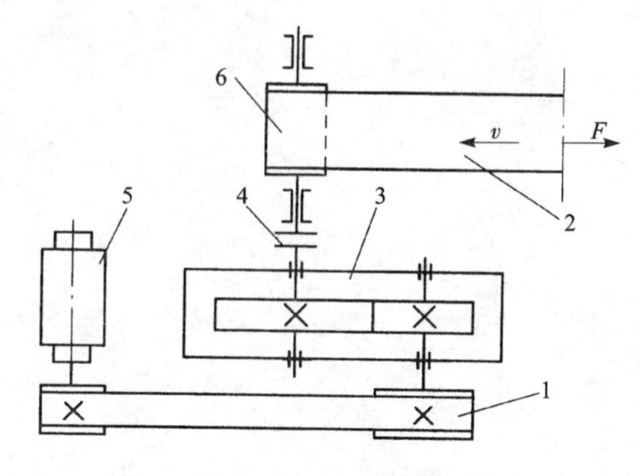

1—V 带传动；2—运输带；3—一级圆柱齿轮减速器；4—联轴器；5—电动机；6—卷筒

图 8.2　设计传动方案图一

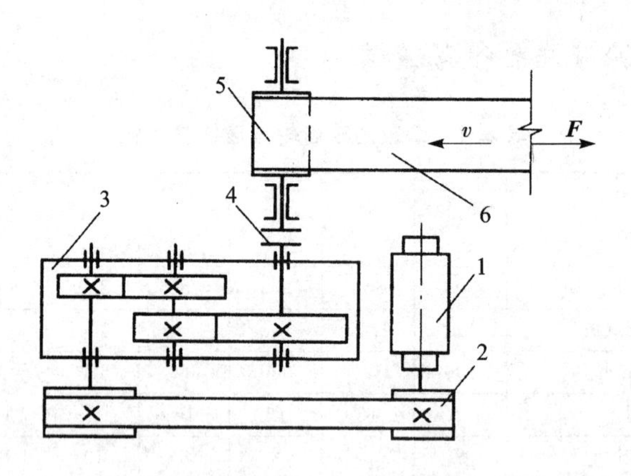

1—电动机;2—V带传动;3—二级圆柱齿轮减速器
4—联轴器;5—卷筒;6—运输带

图8.3 设计传动方案图二

第 9 章　参考图例

9.1　典型减速器参考图例

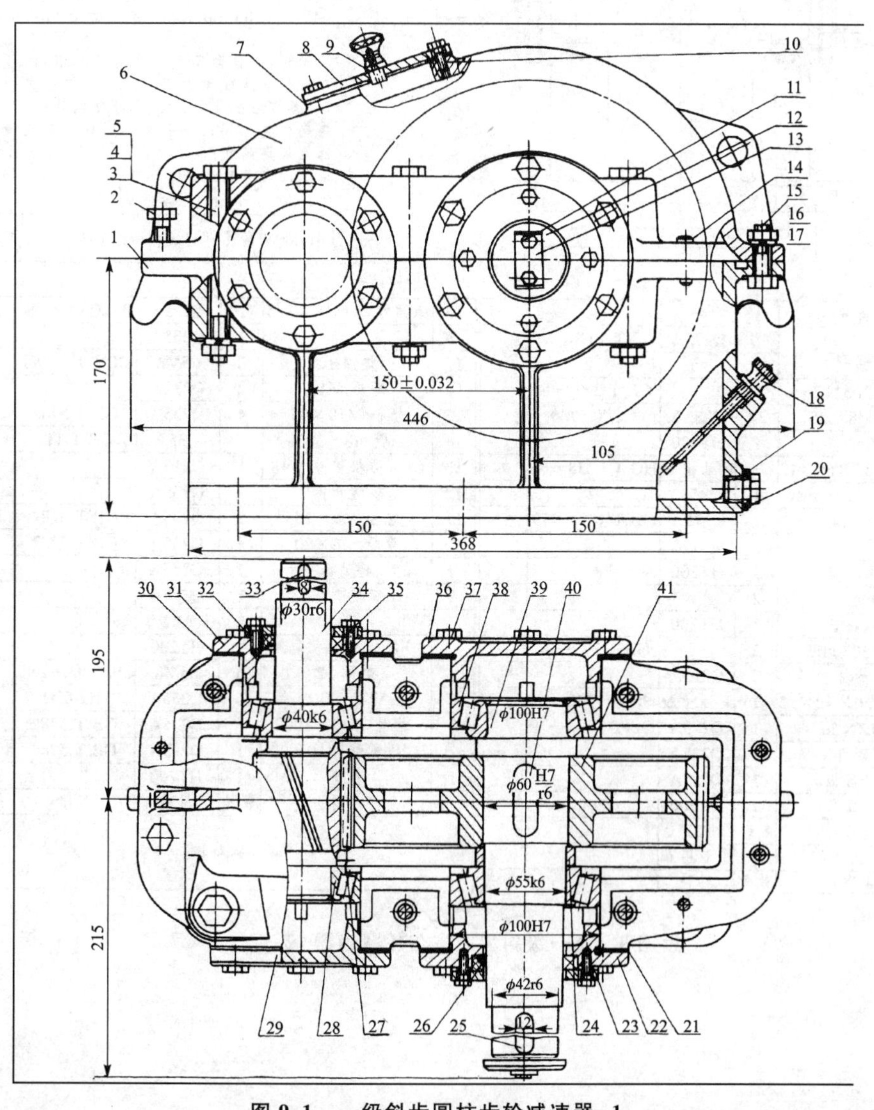

图 9.1　一级斜齿圆柱齿轮减速器-1

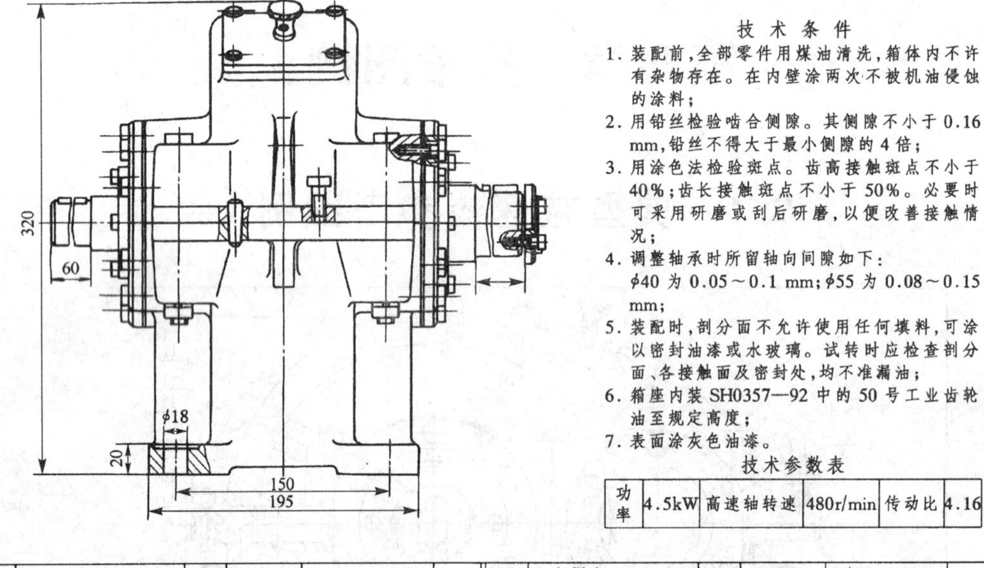

技术条件

1. 装配前,全部零件用煤油清洗,箱体内不许有杂物存在。在内壁涂两次不被机油侵蚀的涂料;
2. 用铅丝检验啮合侧隙。其侧隙不小于0.16 mm,铅丝不得大于最小侧隙的4倍;
3. 用涂色法检验斑点。齿高接触斑点不小于40%;齿长接触斑点不小于50%。必要时可采用研磨或刮后研磨,以便改善接触情况;
4. 调整轴承时所留轴向间隙如下:φ40为0.05~0.1 mm;φ55为0.08~0.15 mm;
5. 装配时,剖分面不允许使用任何填料,可涂以密封油漆或水玻璃。试转时应检查剖分面、各接触面及密封处,均不准漏油;
6. 箱座内装SH0357—92中的50号工业齿轮油至规定高度;
7. 表面涂灰色油漆。

技术参数表

功率	4.5kW	高速轴转速	480r/min	传动比	4.16

序号	名称	数量	材料	标准	备注
41	大齿轮	1	45		
40	键18×50	1	Q275A	GB/T 1096—79	
39	轴	1	45		
38	轴承30311E	2		GB/T 297—94	
37	螺栓M8×25	24	Q235A	GB/T 5780	
36	轴承端盖	1	HT200		
35	J型油封35×60×12	1	耐油橡胶	HG 4-338—66	
34	齿轮轴	1	45		
33	键8×50	1	Q275A	GB/T 1096—79	
32	密封盖板	1	Q235A		
31	轴承端盖	1	HT200		
30	调整垫片	2	成组		
29	轴承端盖	1	HT200		
28	轴承30308E	2		GB/T 297—94	
27	挡油环	2	Q215A		
26	J型油封50×72×12	1	耐油橡胶	HG 4-338—66	
25	键12×56	1	Q275A	GB/T 1096—79	
24	定距环	1	Q235A		
23	密封盖板	1	Q235A		
22	轴承端盖	1	HT200		
21	调整垫片	2组	08F		
20	油圈25×18	1	工业用革		

序号	名称	数量	材料	标准	备注
19	六角螺塞M18×1.5	1	Q235A	JB/ZQ 4450—86	
18	油标	1	Q235A		
17	垫圈10	2	65Mn	GB/T 93—1987	
16	螺母M10	2	Q235A	GB/T 41	
15	螺栓M10×35	4	Q235A	GB/T 5782	
14	销A8×30	2	35	GB/T 117	
13	防松垫片	1	Q215A		
12	轴端挡圈	1	Q235A		
11	螺栓M6×25	2	Q235A	GB/T 5782	
10	螺栓M6×20	4	Q235A	GB/T 5782	
9	通气器	1	Q235A		
8	窥视孔盖	1	Q215A		
7	垫片	1	石棉橡胶纸		
6	箱盖	1	HT200		
5	垫圈12	6	65Mn	GB/T 93—1987	
4	螺母M12	6	Q235A	GB/T 41	
3	螺栓M12×100	6	Q235A	GB/T 5782	
2	起盖螺钉M10×30	1	Q235A	GB/T 5780	
1	箱座	1	HT200		

(标题栏)

续图9.1 一级斜齿圆柱齿轮减速器-2

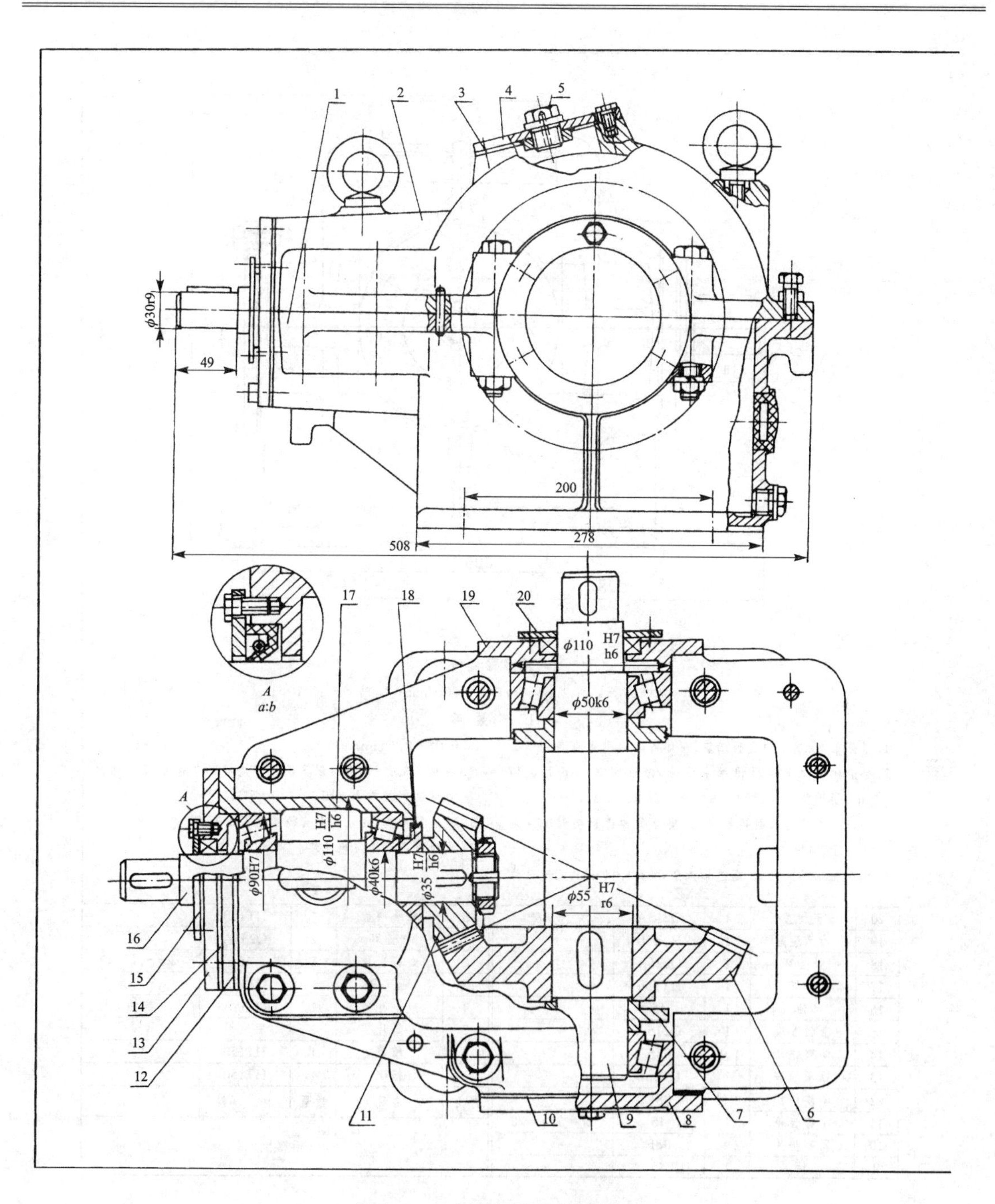

图 9.2　一级圆锥齿轮减速器-1

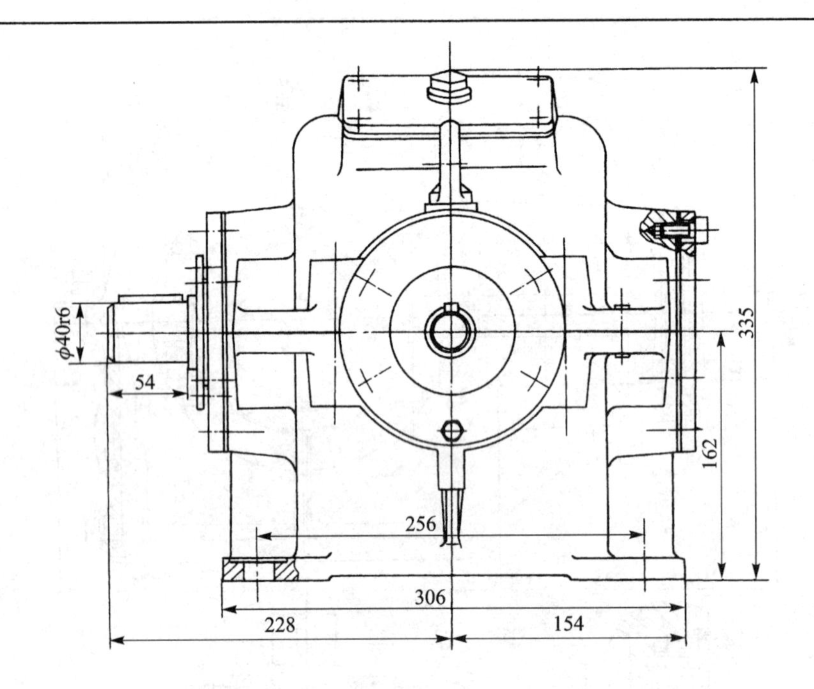

减速器参数

1. 功率:4.5 kW; 2. 高速轴转速:420 r/min; 3. 传动比:2:1

技 术 要 求

1. 装配前,所有零件进行清洗,箱体内壁涂耐油油漆;
2. 啮合侧隙之大小用铅丝来检验,保证侧隙不小于0.17 mm,所用铅丝直径不得大于最小侧隙的2倍;
3. 用涂色法检验齿面接触斑点,按齿高和齿长接触斑点都不少于50%;
4. 调整轴承轴向间隙,高速轴为0.04~0.07 mm,低速轴为0.05~0.1 mm;
5. 减速器剖分面、各接触面及密封处均不许漏油,剖分面允许涂密封胶或水玻璃;
6. 减速器内装50号工业齿轮油至规定高度;
7. 减速器表面涂灰色油漆。

序号	名称	数量	材料	备注
20	密封盖	1	Q215A	
19	轴承端盖	1	HT150	
18	挡油环	1	Q235A	
17	套杯	1	HT150	
16	轴	1	45	
15	密封盖板	1	Q215A	
14	调整垫片	1组	08F	
13	轴承端盖	1	HT150	
12	调整垫片	1组	08F	
11	小锥齿轮	1	45	$m=5, z=20$
10	调整垫片	2组	08F	
9	轴	1	45	
8	轴承端盖	1	HT150	
7	挡油环	2	Q235A	
6	大锥齿轮	1	40	$m=5, z=42$
5	通气器	1	Q235A	
4	窥视孔盖	1	Q235A	组件
3	垫片	1	压纸板	
2	箱盖	1	HT150	
1	箱座	1	HT150	

(标题栏)

续图9.2 一级圆锥齿轮减速器-2

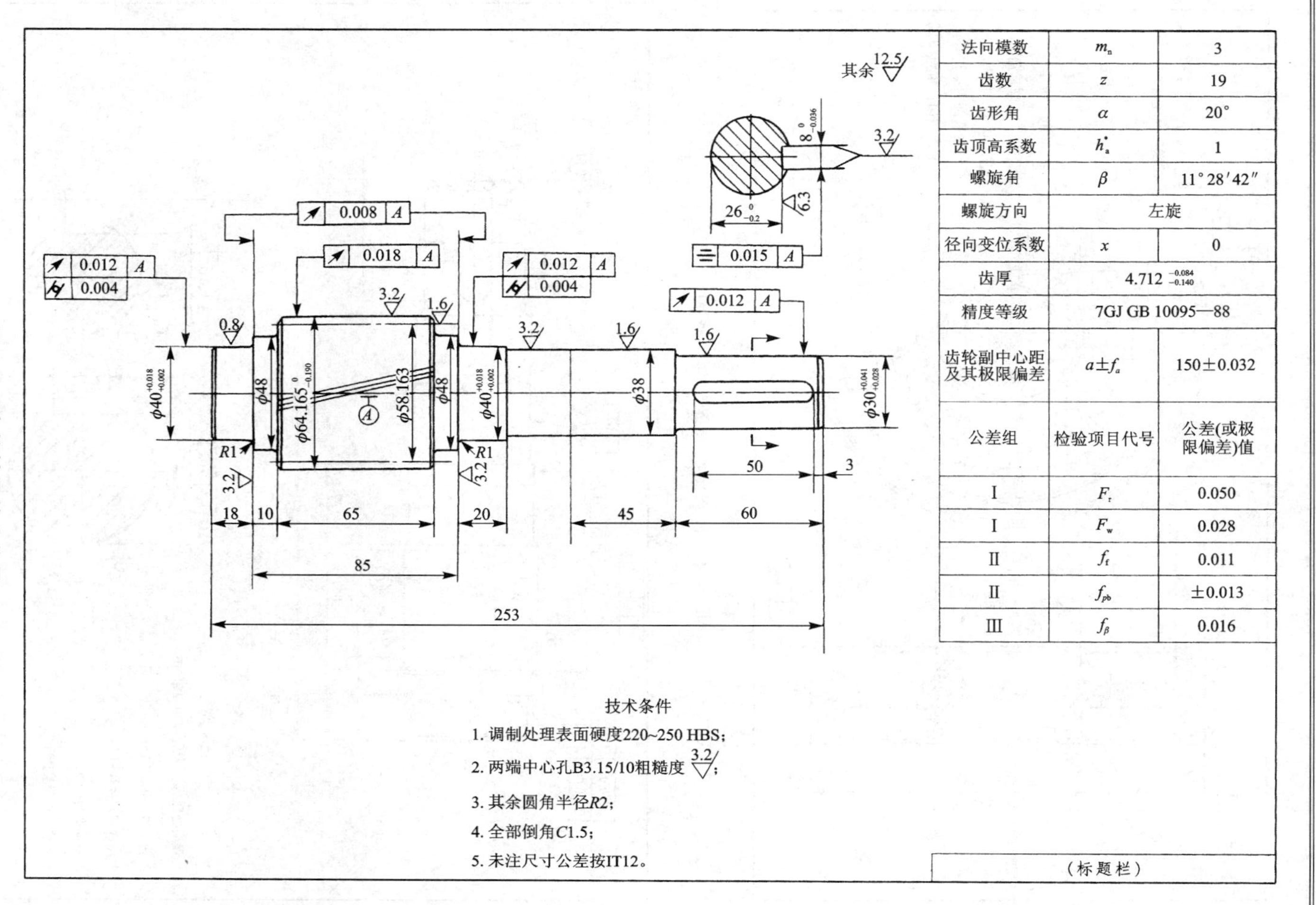

法向模数	m_n	3
齿数	z	19
齿形角	α	20°
齿顶高系数	h_a^*	1
螺旋角	β	11°28′42″
螺旋方向	左旋	
径向变位系数	x	0
齿厚	$4.712^{-0.084}_{-0.140}$	
精度等级	7GJ GB 10095—88	
齿轮副中心距及其极限偏差	$a \pm f_a$	150±0.032
公差组	检验项目代号	公差(或极限偏差)值
Ⅰ	F_r	0.050
Ⅰ	F_w	0.028
Ⅱ	f_f	0.011
Ⅱ	f_{pb}	±0.013
Ⅲ	f_β	0.016

图 9.3　齿轮轴零件工作图

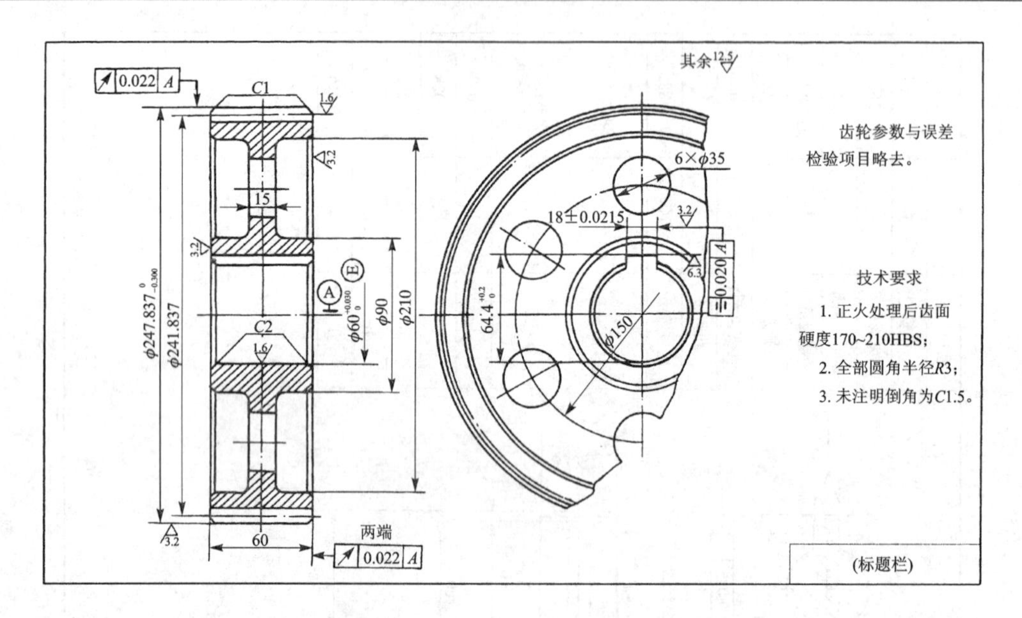

图 9.4 直齿圆柱齿轮零件工作图

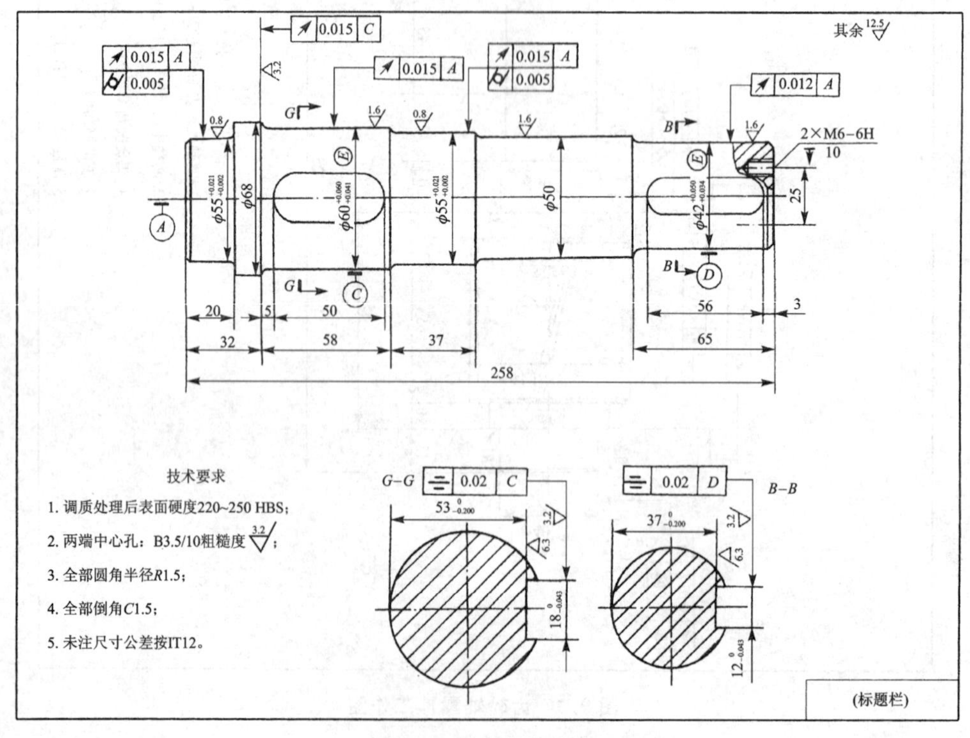

图 9.5 轴零件工作图

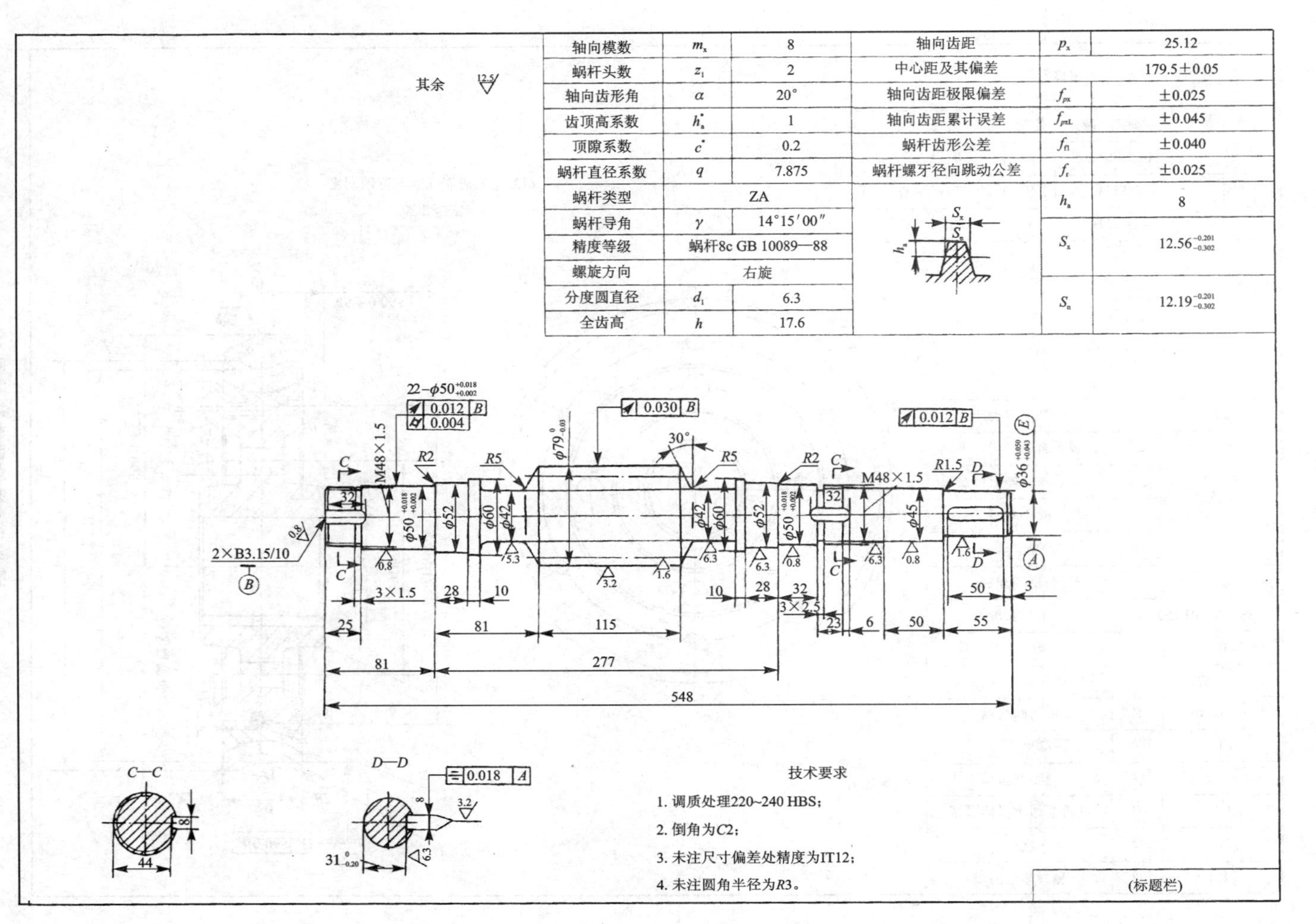

轴向模数	m_x	8	轴向齿距	p_x	25.12
蜗杆头数	z_1	2	中心距及其偏差		179.5±0.05
轴向齿形角	α	20°	轴向齿距极限偏差	f_{px}	±0.025
齿顶高系数	h_a^*	1	轴向齿距累计误差	f_{pxL}	±0.045
顶隙系数	c^*	0.2	蜗杆齿形公差	f_{f1}	±0.040
蜗杆直径系数	q	7.875	蜗杆螺牙径向跳动公差	f_r	±0.025
蜗杆类型		ZA		h_a	8
蜗杆导角	γ	14°15′00″		S_x	$12.56^{-0.201}_{-0.302}$
精度等级		蜗杆8c GB 10089—88			
螺旋方向		右旋		S_n	$12.19^{-0.201}_{-0.302}$
分度圆直径	d_1	6.3			
全齿高	h	17.6			

图 9.6　蜗杆零件工作图

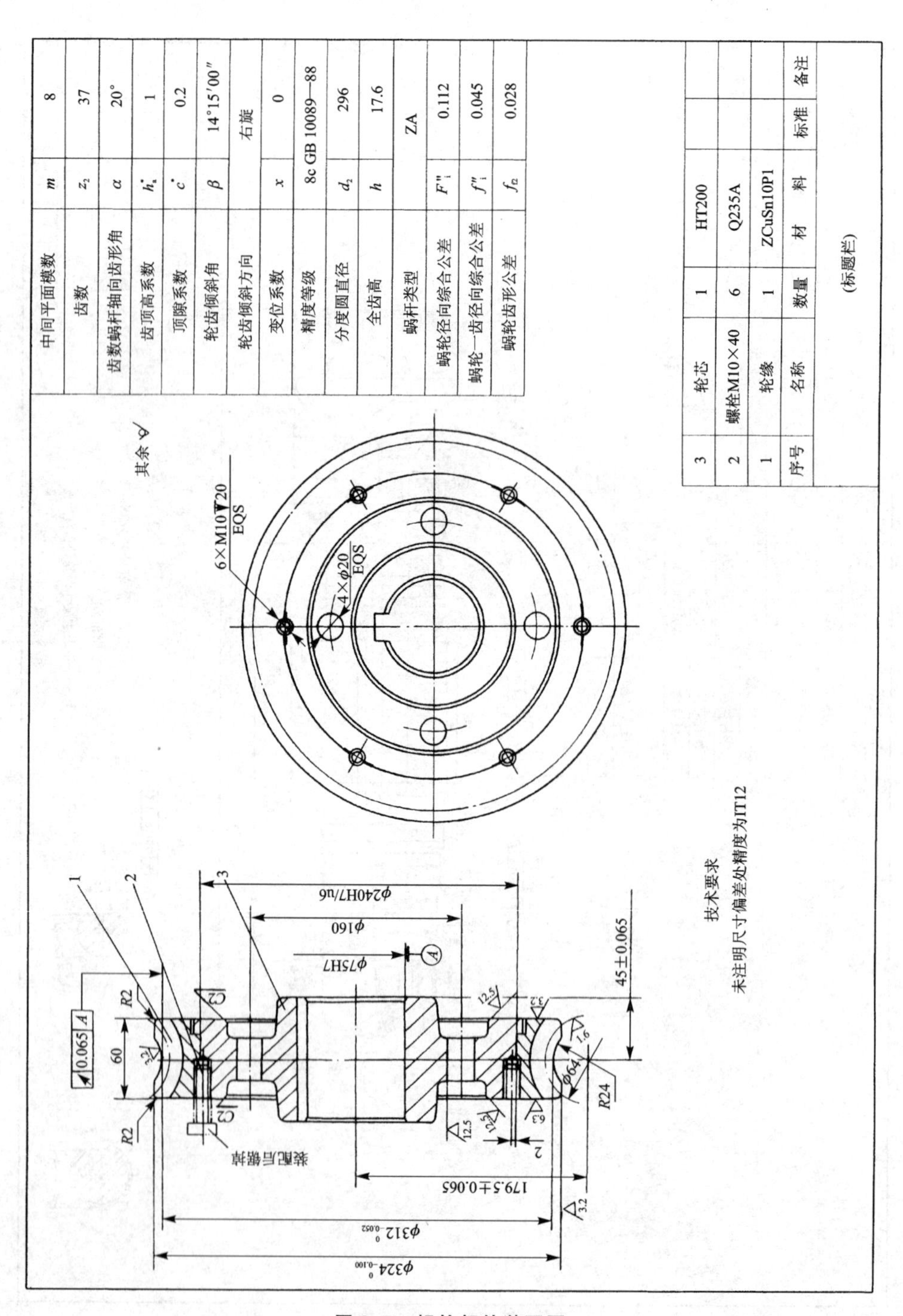

中间平面模数	m	8
齿数	z_2	37
齿数蜗杆轴向齿形角	α	20°
齿顶高系数	h_a^*	1
顶隙系数	c^*	0.2
轮齿倾斜角	β	14°15′00″
轮齿倾斜方向		右旋
变位系数	x	0
精度等级		8c GB 10089—88
分度圆直径	d_2	296
全齿高	h	17.6
蜗杆类型		ZA
蜗轮径向综合公差	F''_i	0.112
蜗轮一齿径向综合公差	f''_i	0.045
蜗轮齿形公差	f_{f2}	0.028

3	轮芯	1	HT200		
2	螺栓M10×40	6	Q235A		
1	轮缘	1	ZCuSn10P1		
序号	名称	数量	材料	标准	备注

图 9.7 蜗轮部件装配图

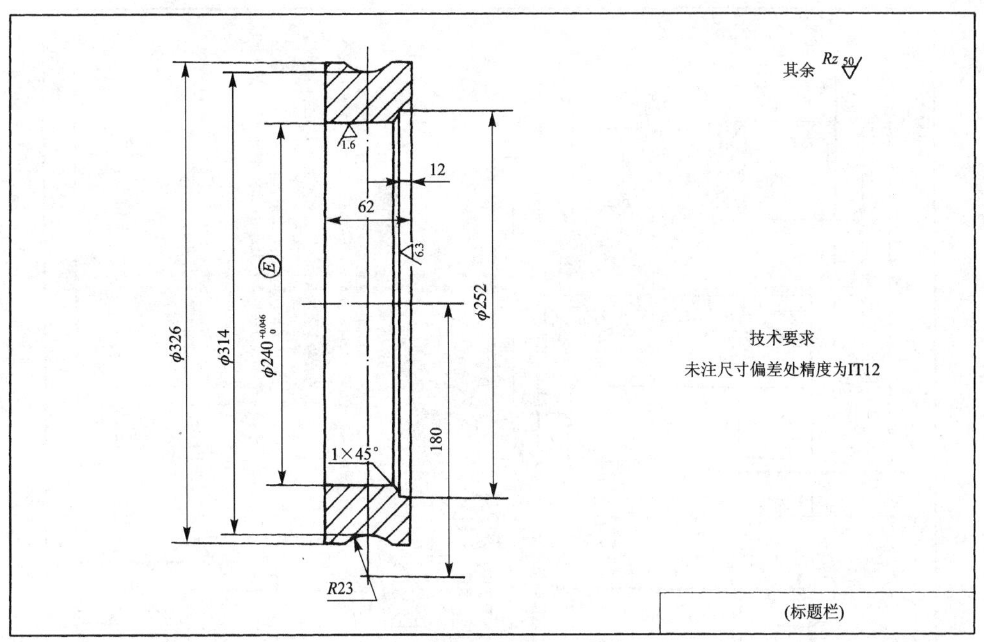

a 蜗轮轮缘零件工作图

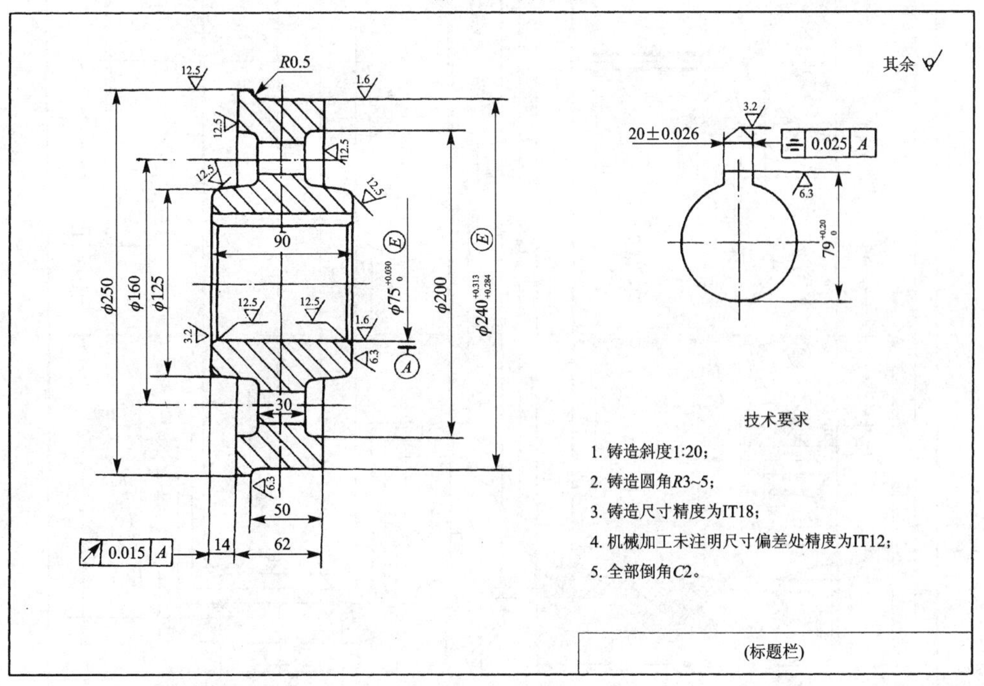

b 蜗轮轮芯零件工作图

图 9.8　蜗轮零件工作图

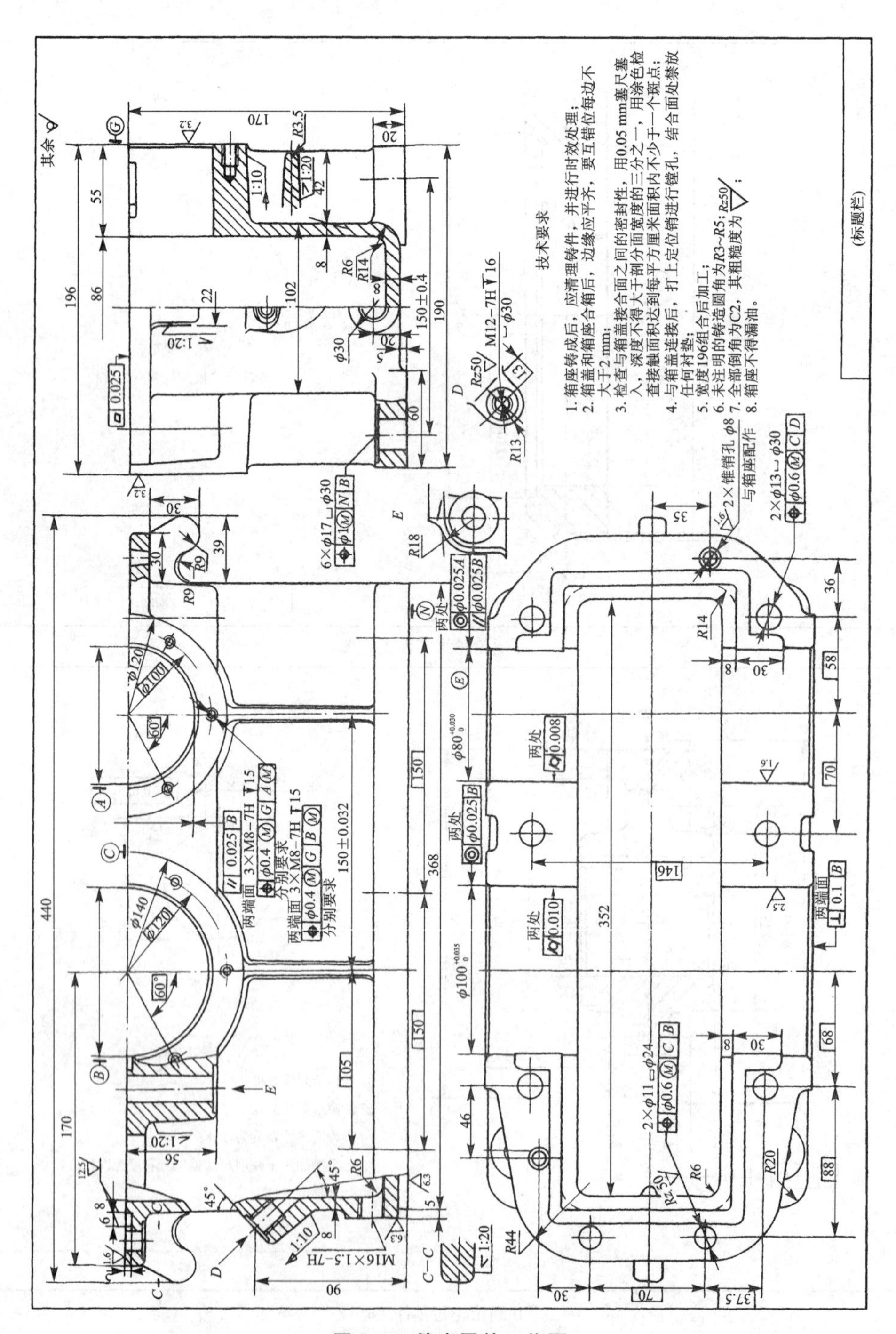
技术要求
1. 箱座铸成后，应清理铸件，并进行时效处理；
2. 箱盖和箱座合箱后，边缘应平齐，要互错位每边不大于2 mm；
3. 检查与箱盖接合面之间的密封性，用0.05 mm塞尺塞入，深度不得大于剖分面宽度的三分之一，用涂色检查接触面积达到每平方厘米面积内不少于一个斑点；
4. 与箱盖连接后，打上定位销进行镗孔，结合面处禁放任何衬垫；
5. 宽度196组合后加工；
6. 未注明的铸造圆角为R3~R5；
7. 全部倒角为C2，其粗糙度为Rz50；
8. 箱座不得漏油。
(标题栏)
其余
两端面
分别要求
两处
2×锥销孔 φ8
与箱座配作
C—C

图 9.9 箱座零件工作图

9.2 减速器装配图常见错误分析及结构设计中图例对比

9.2.1 减速器装配图常见错误分析

在减速器设计中，最容易出现的错误有以下几类，如图 9-10 所示。

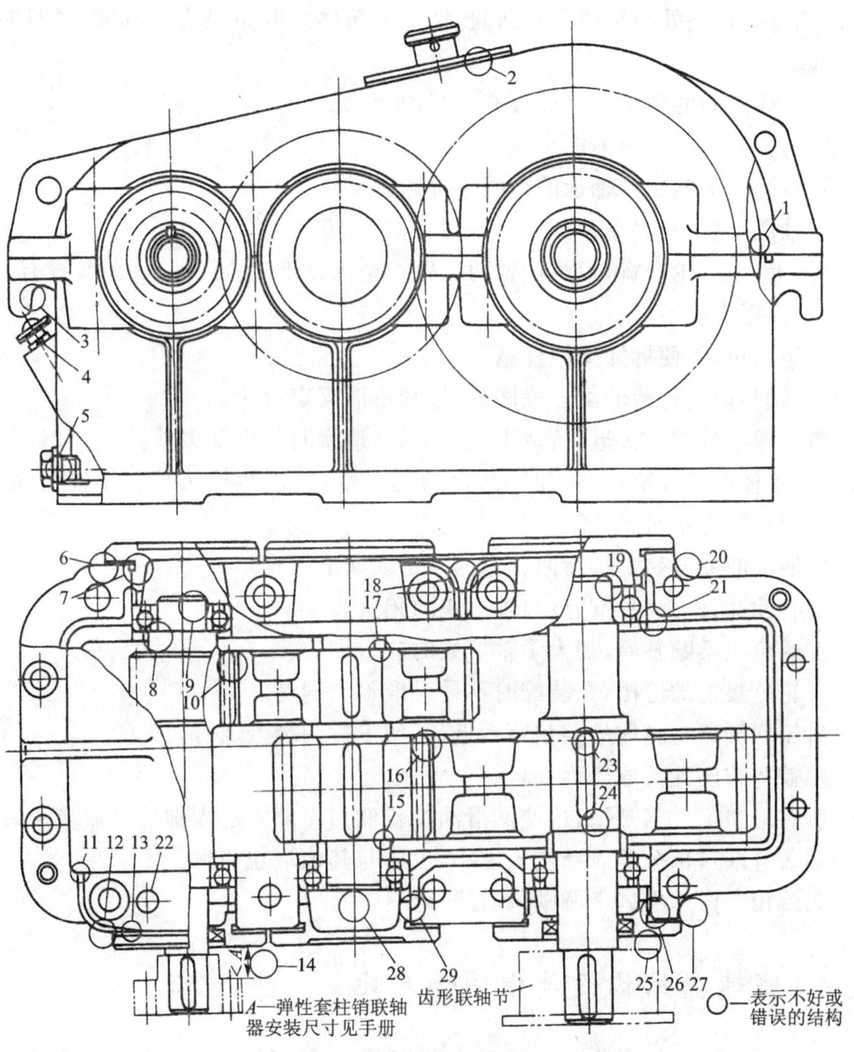

图 9.10 减速器装配图常见错误

(1) 箱体结构设计中,主要存在箱体的铸造工艺性、加工工艺性方面的问题。

(2) 轴系结构设计中,主要出现的问题有轴上零件的定位问题、加工问题、润滑及密封问题。

各种错误解释如下:

1——轴承采用油润滑,但油不能流入导油沟内。

2——窥视孔太小,不便于检查传动件的啮合情况,并且没有垫片密封。

3——两端吊钩的尺寸不同,并且左端吊钩尺寸太小。

4——油尺座孔不够倾斜,无法进行加工和装拆。

5——放油螺塞孔端处的箱体没有凸起,螺塞与箱体之间也没有封油圈,并且螺纹孔长度太短,很容易漏油。

6,12——箱体两侧的轴承孔端面没有凸起的加工面。

7——垫片孔径太小,端盖不能装入。

8——轴肩过高,不能通过轴承的内圈来拆卸轴承。

9,19——轴段太长,有弊无益。

10,16——大、小齿轮同宽,很难调整两齿轮在全齿宽上啮合,并且大齿轮没有倒角。

11,13——投影交线不对。

14——间距太短,不便拆卸弹性柱销。

15,17——轴与齿轮轮毂的配合段同长,轴套不能固定齿轮。

18——箱体两凸台相距太近,铸造工艺性不好,造型时易出现尖砂。

20,27——箱体凸缘太窄,无法加工凸台的沉头座,连接螺栓头部也不能全坐在凸台上。相对应的主视图投影也不对。

21——输油沟的油容易直接流回箱座内而不能润滑轴承。

22——没有此孔,此处缺少凸台与轴承座的相贯线。

23——键的位置紧贴轴肩,加大了轴肩处的应力集中。

24——齿轮轮毂上的键槽,在装配时不易对准轴上的键。

25——齿轮联轴器与箱体端盖相距太近,不便于拆卸端盖螺钉。

26——端盖与箱座孔的配合面太短。

28——所有端盖上应当开缺口,使润滑油在较低油面就能进入轴承以加强密封。

29——端盖开缺口部分的直径应当缩小,也应与其他端盖一致。

30——未圈出。图中有若干圆缺中心线。

9.2.2 减速器结构设计中图例对比

现将一些常见的减速器结构设计中正、误、优、劣结构对比如下,具体详见图9-11～图9-20。

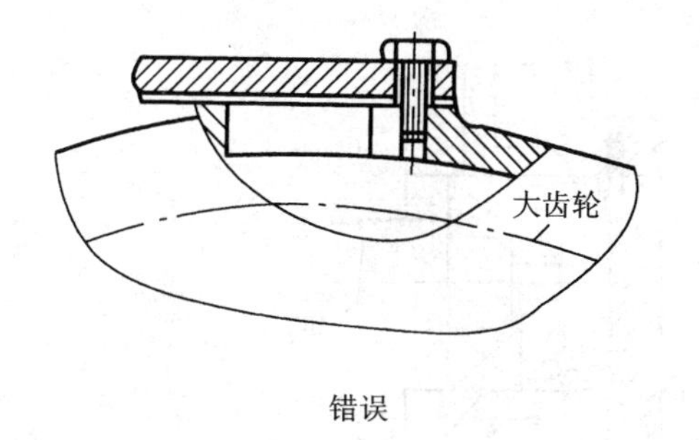

错误

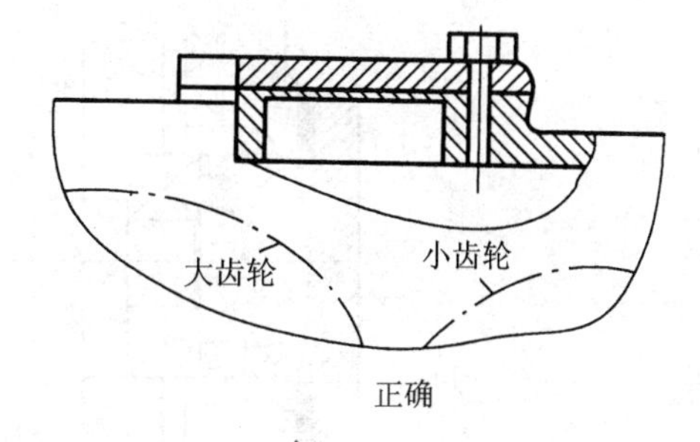

正确

图 9.11　检查孔位置

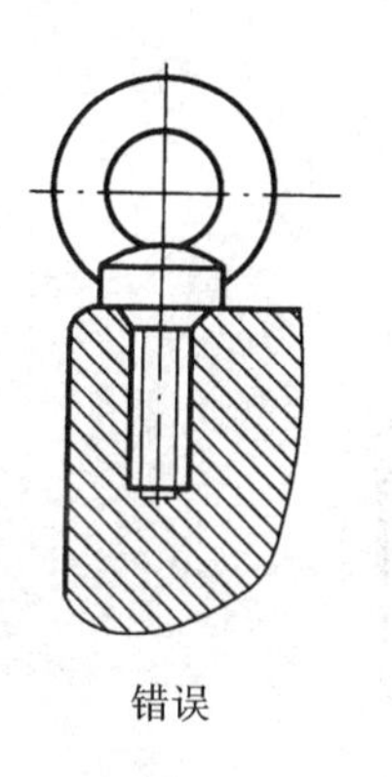

错误

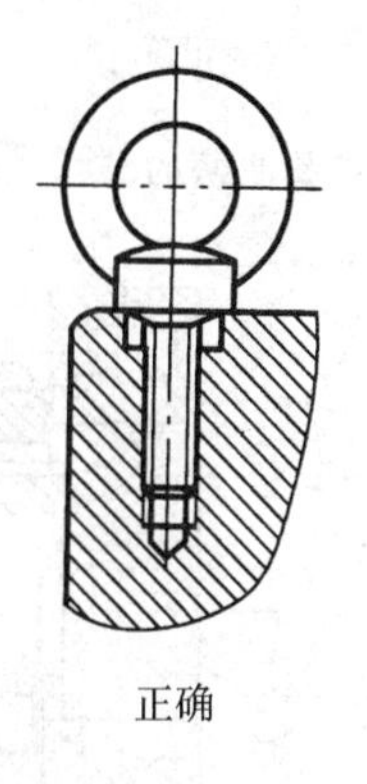

正确

图 9.12　吊环螺钉装配图

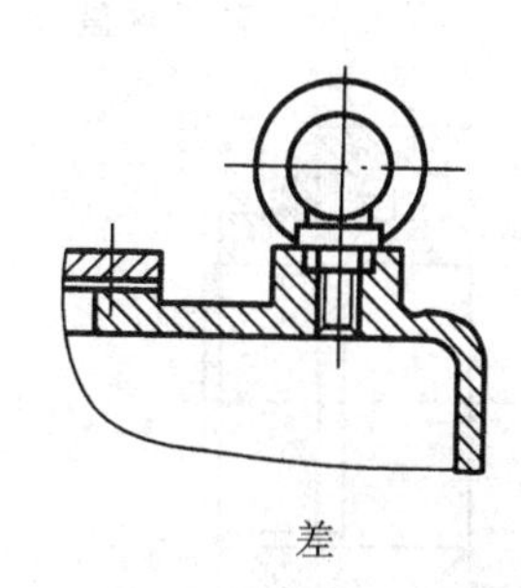

差

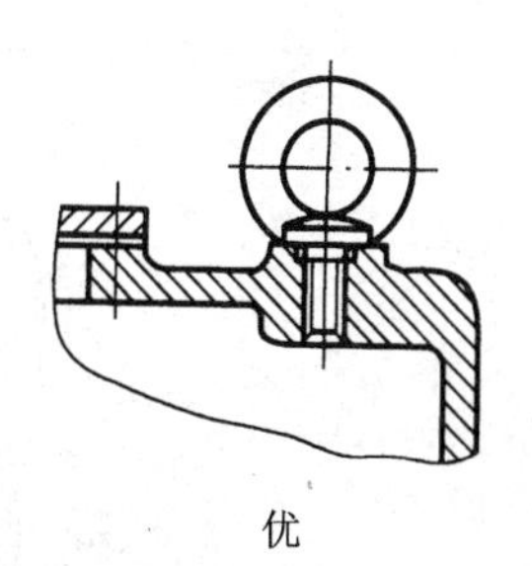

优

图 9.13　安装吊环螺钉的箱体装配结构

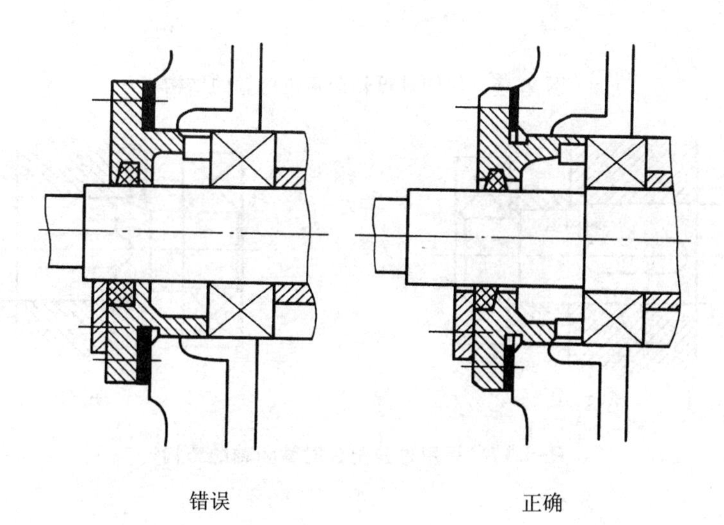

错误　　正确

图 9.14　轴承端盖的结构

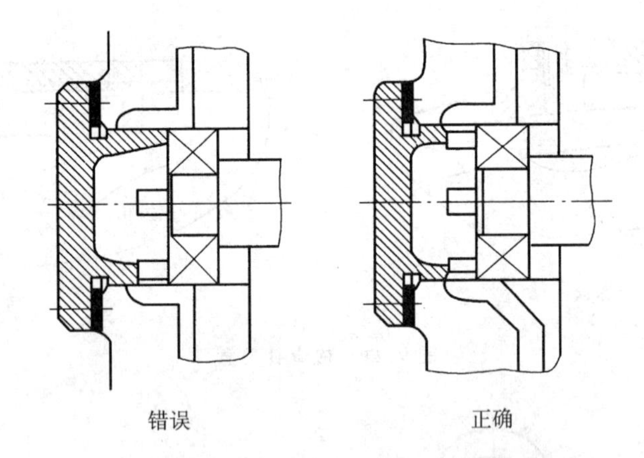

图 9.15 轴承端盖与轴承接触及油槽的结构

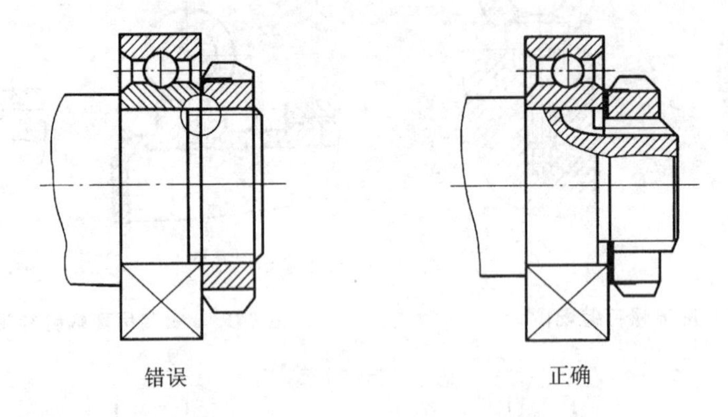

图 9.16 用圆螺母轴向定位时轴的结构

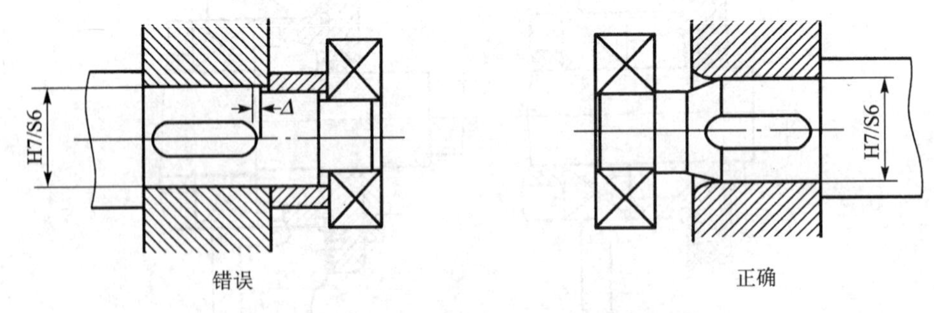

图 9.17 采用过盈配合时键和轴的结构

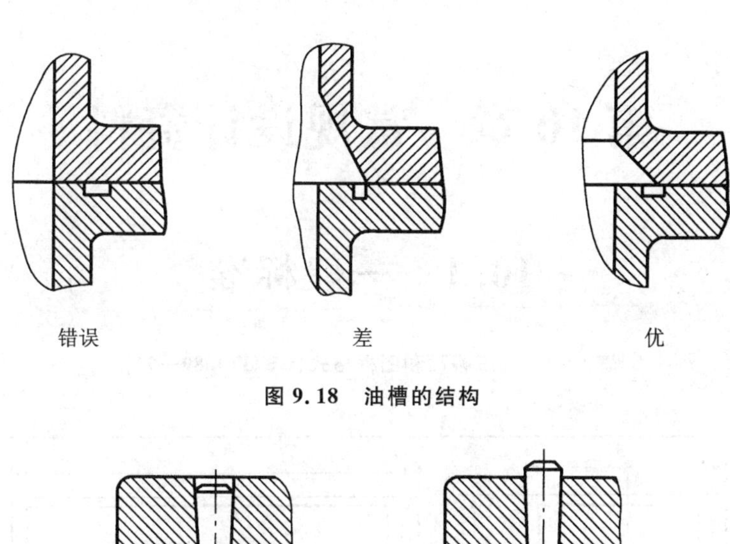

图 9.18　油槽的结构

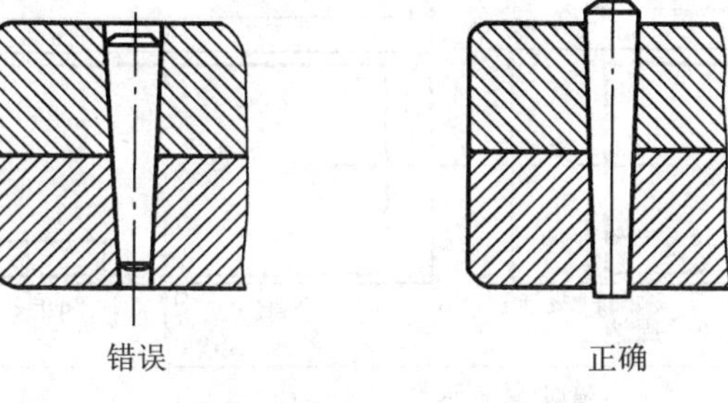

图 9.19　定位销的结构

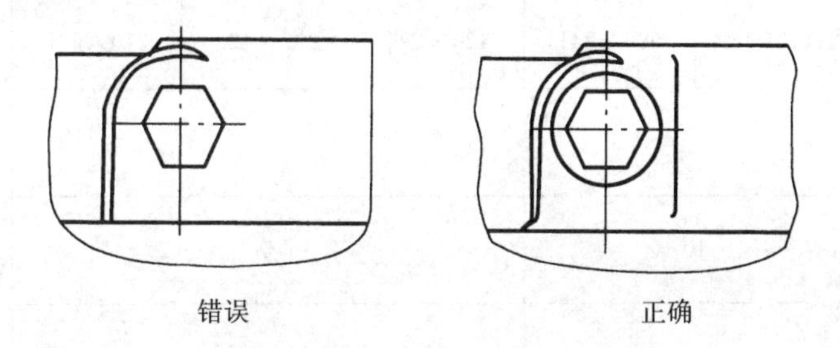

图 9.20　轴承座两侧凸台的结构

第10章　常规设计资料

10.1　一般标准

表10.1　图纸幅面和图框格式(GB/T14689—93)

mm

<table>
<tr><td colspan="7">基本幅面(第一选择)</td><td colspan="2"></td></tr>
<tr><td colspan="2">幅面代号</td><td>A0</td><td>A1</td><td>A2</td><td>A3</td><td>A4</td><td></td><td></td></tr>
<tr><td colspan="2">宽度 B×长度 L</td><td>841×1 189</td><td>594×841</td><td>420×594</td><td>297×420</td><td>210×297</td><td>幅面代号</td><td>B×L</td></tr>
<tr><td rowspan="2">留装订边</td><td>装订边宽 a</td><td colspan="5">25</td><td rowspan="3">A3×3
A3×4
A4×3
A4×4
A4×5</td><td rowspan="3">420×891
420×1 189
297×630
297×841
290×1 051</td></tr>
<tr><td>其他周边 c</td><td colspan="2">10</td><td colspan="3">5</td></tr>
<tr><td>不留装订边</td><td>周边 e</td><td colspan="2">20</td><td colspan="3">10</td></tr>
</table>

表10.2　图样比例(GB/T14690—93)

原值比例	1∶1
放大比例	2∶1、(2.5∶1)、(4∶1)、5∶1、1×10^n∶1、2×10^n∶1、(2.5×10^n∶1)、(4×10^n∶1)、(5×10^n∶1)
缩小比例	(1∶1.5)、1∶2、(1∶2.5)、(1∶3)、(1∶4)、1∶5、1∶1×10^n、(1∶1.5×10^n)(1∶2×10^n)、(1∶2.5×10^n)、(1∶3×10^n)、(1∶4×10^n)、(1∶5×10^n)

注：1. 表中 n 为正整数；

2. 括号内为必要时也允许选用的比例。

表 10.3　标准尺寸(直径、长度、高度等)(GB2822—81 摘要)

mm

R			*Ra*			*R*			*Ra*		
*R*10	*R*20	*R*40	*Ra*10	*Ra*20	*Ra*40	*R*10	*R*20	*R*40	*Ra*10	*Ra*20	*Ra*40
2.50			2.5	2.5							
	2.50			2.8		25.0	25.0	25.0	25.0	25.0	25.0
3.15	2.80		3.0	3.0				26.5			26.0
	3.15			3.5			28.0	28.0		28.0	28.0
4.00	3.55		4.0	4.0				30.0			30.0
	4.00			4.5		31.5	31.5	31.5	32.0	32.0	32.0
5.00	4.50		5.0	5.0				33.5			34.0
	5.00			5.5			35.5	35.5		36.0	36.0
6.30	5.60		6.0	6.0				37.5			38.0
	6.30			7.0		40.0	40.0	40.0	40.0	40.0	40.0
8.00	7.10		8.0	8.0				42.5			42.0
	8.00			9.0			45.0	45.0		45.0	45.0
10.0	9.00		10.0	10.0				47.5			48.0
	1.0			11.0		50.0	50.0	50.0	50.0	50.0	50.0
12.5	11.2	12.5	12	12.0	12.0			53.0			53.0
	12.5	13.2			13.0		56.0	56.0		56.0	56.0
		14.0		14.0	14.0			60.0			60.0
	14.0	15.0			15.0	63.0	63.0	63.0	63.0	63.0	63.0
16.0		16.0	16.0	16.0	16.0			67.0			67.0
	16.0	17.0			17.0		71.0	71.0		71.0	71.0
		18.0		18.0	18.0			75.0			75.0
	18.0	19.0			19.0	80.0	80.0	80.0	80.0	80.0	80.0
20.0		20.0	20.0	20.0	20.0			85.0			85.0
	20.0	21.2			21.0		90.0	90.0		90.0	90.0
		22.4		22.0	22.0			95.0			95.0
	22.4	23.6			24.0	100	100	100	100	100	100

注：1. 选择系列及单个尺寸时，应首先在优先数系 R 系列中选用标准尺寸，选用顺序为 *R*10、*R*20、*R*40。如果必须将数值圆整，可在相应的 *Ra* 系列中选用标准尺寸；

2. 本标准适用于机械制造业中有互换性或系列化要求的主要尺寸，其他结构尺寸也应尽量采用。对于由主要尺寸导出的因变量尺寸和工艺上工序间的尺寸，不受本标准限制。对已有专用标准规定的尺寸，可按专用标准选用。

表 10.4　铸件最小壁厚

mm

铸造方法	铸件尺寸	铸钢	灰铸铁	球墨铸铁	可锻铸铁	铝合金	铜合金
砂型	－200×200	8	6	6	5	3	3～5
	＞200×200～500×500	＞10～12	＞6～10	12	8	4	6～8
	＞500×500	15～20	15～20	＞12	＞8	6	＞6～8

表 10.5　零件倒圆与倒角的推荐值(GB6403—86)

mm

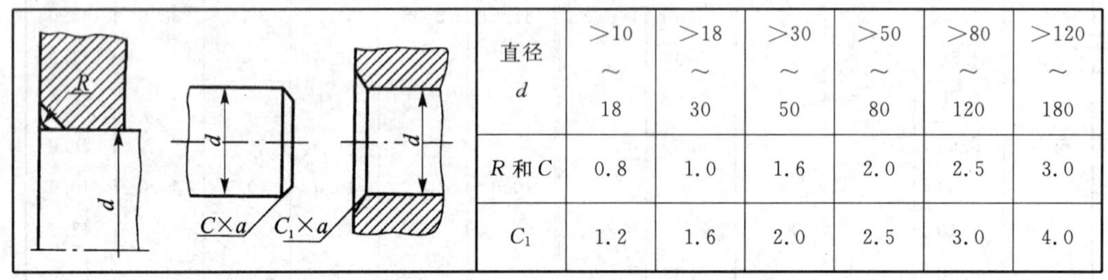

直径 d	＞10～18	＞18～30	＞30～50	＞50～80	＞80～120	＞120～180
R 和 C	0.8	1.0	1.6	2.0	2.5	3.0
C_1	1.2	1.6	2.0	2.5	3.0	4.0

表 10.6　圆柱形轴伸(GB1569—90 摘录)

mm

d	L 长系列	L 短系列
12、14	30	25
16、18、19	40	28
20、22、24	50	36
25、28	60	42
30、32、35、38	80	58
40、42、45、48、50、55、56	110	82
60、63、65、70、71、75	140	105
80、85、90、95	170	130
100、110、120、125	210	165
130、140、150	250	200
160、170、180	300	240
190、200、220	350	280
400、420、440、450、460、480、500	650	540
530、560、600、630	800	680

d 的极限偏差

d	6～30	32～50	55～630
极限偏差	j6	k6	m6

表 10.7　机器轴高(GB12217—90 摘录)

mm

系列	轴高的基本尺寸 h
Ⅰ	25,40,63,100,160,250,400,630,1 000,1 600
Ⅱ	25,32,40,50,63,80,100,125,160,200,250,315,400,500,630,800,1 000,1 250,1 600
Ⅲ	25,28,32,36,40,45,50,56,63,71,80,90,100,112,125,140,160,180,200,225,250,280,315,355,400,450,500,560,630,710,800,900,1 000,1 120,1 250,1 400,1 600
Ⅳ	25,26,28,30,32,34,36,38,40,42,45,48,50,53,56,60,63,67,71,75,80,85,90,95,100,105,112,118,125,132,140,150,160,170,180,190,200,212,225,236,250,265,280,300,315,335,355,375,400,425,450,475,500,530,560,600,630,670,710,750,800,850,900,950,1 000,1 060,1 120,1 180,1 250,1 320,1 400,1 500,1 600

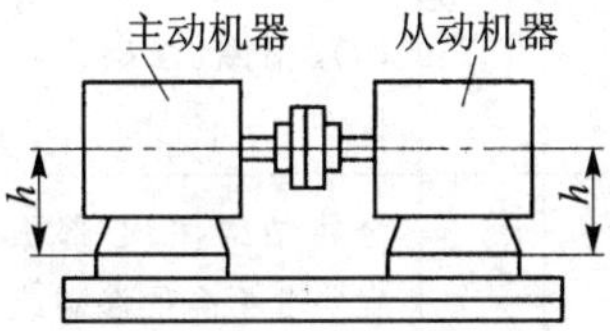

	轴高 h	轴高的极限偏差		平行度公差		
		电动机、从动机、减速器等	除电动机以外的主动机器	$L<2.5h$	$2.5h\leqslant L\leqslant 4h$	$L>4h$
主动机器　从动机器	>50～250	0 −0.5	+0.5 0	0.25	0.4	0.5
	>250～630	0 −1.0	+1.0 0	0.5	0.75	1.0
	>630～1 000	0 −1.5	+1.5 0	0.75	1.0	1.5
	>1 000	0 −2.0	+2.0 0	1.0	1.5	2.0

注：1. 机器轴高应优先选用第Ⅰ系列数值，如不能满足需要时，可选用第Ⅱ系列数值，其次选用第Ⅲ系列数值，尽量不采用第Ⅳ系列数值。

2. h 不包括安装时所用的垫片。L 为轴的全长。

10.2 常用金属材料

表 10.8 普通碳素结构钢(GB700—88)

牌号	拉伸试验													特性与应用举例
	屈服点 σ_s/MP_a						抗拉强度 σ_b/MPa	伸长率 δ_s(%)						
	钢板厚度或直径/mm							钢板厚度或直径/mm						
	≤16	>16~40	>40~60	>60~100	>100~150	>150		≤16	>16~40	>40~60	>60~100	>100~150	>150	
Q195	195	185	—	—	—	—	315~390	33	32	—	—	—	—	塑性好,常用于轧制薄板、拉制线材、制钉和焊接钢管
Q215	215	205	195	185	175	165	335~410	31	30	29	28	27	26	金属结构件、拉杆、套圈、铆钉、螺栓、短轴、心轴、凸轮(载荷不大的)、垫圈、渗碳及焊接件
Q235	235	225	215	205	195	185	375~460	26	25	24	23	22	21	金属结构件、心部强度要求不高的渗碳或液体碳氮共渗件,吊钩、拉杆、气缸、齿轮、螺栓、螺母、连杆、楔、轮轴、盖及焊接件
Q255	255	245	235	225	215	205	410~510	24	23	22	21	20	19	轴、轴销、制动件、螺栓、螺母、垫圈、连杆、齿轮及其他强度较高的零件,焊接性尚可
Q275	275	265	255	245	235	225	490~610	20	19	18	17	16	15	

表 10.9 优质碳素结构钢(GB699—88)

牌号	推荐热处理 ℃			钢材交货状态硬度 HBS				表面淬火硬度 HRC			特性与应用举例
	正火	淬火	回火	σ_b /MPa	σ_s /MPa	σ_s /%	ψ /%	不大于			
08F	930	—	—	295	175	35	60	131	—	—	用于塑性好的零件,如轧制薄板、管子、垫片、垫圈,心部强度要求不高的渗碳和氰化零件,如套筒、短轴支架、离合器盘
08	930			325	195	33	60	131			
20	910	—	—	410	245	25	55	156	—	—	渗碳、液体碳氮共渗后用作中重型机械受载不大的轴、螺栓、螺母、开口销、吊钩、垫圈、齿轮、链轮
30	880	860	600	490	295	21	50	179	—	—	用于重型机械上韧性要求高的锻件及其制件,如气缸、拉杆、吊环、机架
35	870	850	600	530	315	20	45	197	—	35～45	用作曲轴、转轴、轴销、杠杆、连杆、螺栓、螺母、垫圈、飞轮等,多在正火、调质下使用
45	850	840	600	600	355	16	40	229	197	40～50	用作要求综合力学性高的零件,通常在正火或调质后使用,用于制造轴、齿轮、齿条、链轮
65	810	—	—	695	410	10	30	255	229	—	用作弹簧、弹簧垫圈、凸轮、轧辊
25Mn	900	870	600	490	295	22	50	207	—	—	用作渗碳件,如凸轮、齿轮、联轴器、铰链、销
40Mn	860	840	600	590	355	17	45	229	207	40～50	用作轴、曲轴、连杆及高应力下工作的螺栓螺母
50Mn	830	830	600	645	390	13	40	255	217	45～55	在淬火回火后使用,用作齿轮、齿轮轴、摩擦盘、凸轮
65Mn	810	—	—	735	430	9	30	285	229	—	耐磨性高,用作圆盘、衬板、齿轮、花键轴、弹簧等

表 10.10　合金结构钢(GB3077—88)

牌号	试样毛坯尺寸 mm	力学性能				钢材退火或回火供应状态布氏硬度 HBS	表面淬火硬度 HRC	特性与应用举例
		σ_b /MPa	σ_s /MPa	δ_s /%	Ak /J			
20Mn2	15	785	590	10	47	187	渗碳 56～62	截面小时与 20Cr 相当,用作渗碳小齿轮、小轴、钢套、链板等
20Cr	15	835	540	10	47	179	渗碳 56～62	用作心部强度较高,承受磨损、尺寸较大的渗碳零件,如齿轮、齿轮轴、蜗杆、凸轮、活塞销等
35SiMn	25	885	735	15	47	229	45～55	可代替 40Cr 作中小型轴类、齿轮零件及 430℃以下的重要紧固件
20CrMnTi	15	1 080	835	10	55	217	渗碳 56～62	强度韧性高,可代替镍铬钢用作承受高速、中重载荷以及冲击、磨损等重要零件,如渗碳齿轮、凸轮等
20CrMnMo	15	1 175	885	10	55	217	渗碳 56～62	用作表面硬度高、耐磨、心部有较高强度、韧性的零件,如传动齿轮和曲轴等
35CrMo	25	980	835	12	63	229	40～45	可代替 40CrNi 制作大截面齿轮和重载传动轴等
40Cr	25	980	785	9	47	207	48～55	用于变载、中速中载、磨损大冲击大的重要零件,如重要的齿轮、轴、曲轴、连杆、螺栓、螺母等
20SiMnV	15	1 175	980	10	55	207	渗碳 56～62	可代替 20CrMnTi
40MnB	25	980	785	10	47	207	48～55	可代替 40Cr 作重要调质件,如齿轮、轴、连杆、螺栓等
18Cr2Ni4WA	15	1 175	835	10	78	269	渗碳 56～62	用作承受大载荷、强烈磨损、截面尺寸大的重要零件,如内燃机主动牵引齿轮、飞机和坦克中重要齿轮与轴

表 10.11　灰铸铁(GB9439—88)

牌号	铸件壁厚 mm		最小抗拉强度 σ_b MPa	硬度 HBS	特性与应用举例
	大于	至			
HT100	2.5	10	130	110～166	用作小载荷和对耐磨性无特殊要求的零件，如端盖、外罩、油盘、手轮、手把、机床底座、机身等
	10	20	100	93～140	
	20	30	90	87～131	
	30	50	80	82～122	
HT150	2.5	10	175	137～205	
	10	20	145	119～179	
	20	30	130	110～166	
	30	50	120	141～157	
HT200	2.5	10	220	157～236	用作中等载荷和对耐磨性有一定要求的零件，如机床床身、立柱、气缸、齿轮、底架以及中等压力(8MPa 以下)油缸、液压泵、阀的壳体等
	10	20	195	148～222	
	20	30	170	134～200	
	30	50	160	128～192	
HT250	4	10	270	175～262	用作中等载荷和对耐磨性有一定要求的零件，如阀壳、油缸、气缸、联轴器、箱体、齿轮箱外壳、飞轮、衬筒、轴承座等
	10	20	240	164～246	
	20	30	220	157～236	
	30	50	200	150～225	
HT300	10	20	290	182～272	用作受力大的齿轮、床身导轨、车床卡盘、剪床、压力机的床身，高压油缸、液压泵和滑阀的壳体等
	20	30	250	168～251	
	30	50	230	161～241	

表 10.12　球墨铸铁(GB1348—88)

牌号	抗拉强度 σ_b /MPa (min)	屈服强度 σ_s/MPa (min)	伸长率 δ_s/% (min)	布氏硬度 HBS (参考值)	特性与应用举例
QT400-18	400	250	18	130～180	减速器箱体、管道、阀体、阀盖、压缩机气缸、拨叉、离合器外壳等
QT400-15	400	250	15	130～180	
QT450-10	450	310	10	160～210	油泵齿轮、阀门壳、车辆轴瓦、凸轮、犁铧、减速器箱体、轴承座等
QT500-7	500	320	7	170～230	

续表 10.12

牌号	抗拉强度 σ_b /MPa (min)	屈服强度 σ_s/MPa (min)	伸长率 δ_s/% (min)	布氏硬度 HBS (参考值)	特性与应用举例
QT600－3	600	370	3	190～270	曲轴、凸轮轴、齿轮轴、机床主轴、缸体、缸套、连杆、矿车轮、农机零件等
QT700－2	700	420	2	225～305	
QT800－2	800	480	2	245～335	
QT900－2	900	600	2	280～360	曲轴、凸轮轴、连杆、履带式拖拉机链轨板等

10.3 公差与配合

表 10.13　基本尺寸至 800mm 的标准公差数值(GB/T1800.3—98)

μm

基本尺寸 mm	标准公差等级																	
	IT1	IT2	IT3	IT4	IT5	IT6	IT7	IT8	IT9	IT10	IT11	IT12	IT13	IT14	IT15	IT16	IT17	IT18
≤3	0.8	1.2	2	3	4	6	10	14	25	40	60	100	140	250	400	600	1 000	1 400
>3～6	1	1.5	2.5	4	5	8	12	18	30	48	75	120	180	300	480	750	1 200	1 800
>6～10	1	1.5	2.5	4	6	9	15	22	36	58	90	150	220	360	580	900	1 500	2 200
>10～18	1.2	2	3	5	8	11	18	27	43	70	110	180	270	430	700	1 100	1 800	2 700
>18～30	1.5	2.5	4	6	9	13	21	33	52	84	130	210	330	520	840	1 300	2 100	3 300
>30～50	1.5	2.5	4	7	11	16	25	39	62	100	160	250	390	620	1 000	1 600	2 500	3 900
>50～80	2	3	5	8	13	19	30	46	74	120	190	300	460	740	1 200	1 900	3 000	4 600
>80～120	2.5	4	6	10	15	22	35	54	87	140	220	350	540	870	1 400	2 200	3 500	5 400
>120～180	3.5	5	8	12	18	25	40	63	100	160	250	400	630	1 000	1 600	2 500	4 000	6 300
>180～250	4.5	7	10	14	20	29	46	72	115	185	290	460	720	1 150	1 850	2 900	4 600	7 200
>250～315	6	8	12	16	23	32	52	81	130	210	320	520	810	1 300	2 100	3 200	5 200	8 100
>315～400	7	9	13	18	25	36	57	89	140	230	360	570	890	1 400	2 300	3 600	5 700	8 900
>400～500	8	10	15	20	27	40	63	97	155	250	400	630	970	1 550	2 500	4 000	6 300	9 700
>500～630	9	11	16	22	30	44	70	110	175	280	440	700	1 100	1 750	2 800	4 400	7 000	11 000
>630～800	10	13.	18	25	35	50	80	125	200	320	500	800	1 250	2 000	3 200	5 000	8 000	12 500

表 10.14　优先配合中轴的极限偏差

μm

基本尺寸/mm		公差带												
		c	d	f	g	h				k	n	p	s	u
大于	至	11	9	7	6	6	7	9	11	6	6	6	6	6
—	3	−60 −120	−20 −45	−6 −16	−2 −8	0 −6	0 −10	0 −25	0 −60	+6 0	+10 +4	+12 +6	+20 +14	+24 +18
3	6	−70 −145	−30 −60	−10 −22	−4 −12	0 −8	0 −12	0 −30	0 −75	+9 +1	+16 +8	+20 +12	+27 +19	+31 +23
6	10	−80 −170	−40 −76	−13 −28	−5 −14	0 −9	0 −15	0 −36	0 −90	+10 +1	+19 +10	+24 +15	+32 +23	+37 +28
10	14	−95 −205	−50 −93	−16 −34	−6 −17	0 −11	0 −18	0 −43	0 −110	+12 +1	+23 +12	+29 +18	+39 +28	+44 +33
14	18													
18	24	−110 −240	−65 −117	−20 −41	−7 −20	0 −13	0 −21	0 −52	0 −130	+15 +2	+28 +15	+35 +22	+48 +35	+54 +41
24	30													+61 +48
30	40	−120 −280	−80 −142	−25 −50	−9 −25	0 −16	0 −25	0 −62	0 −160	+18 +2	+33 +17	+42 +26	+59 +43	+76 +60
40	50	−130 −290												+86 +70
50	65	−140 −330	−100 −174	−30 −60	−10 −29	0 −19	0 −30	0 −74	0 −190	+21 +2	+39 +20	+51 +32	+72 +53	+106 +87
65	80	−150 −340											+78 +59	+121 +102
80	100	−170 −390	−120 −207	−36 −71	−12 −34	0 −22	0 −35	0 −87	0 −220	+25 +3	+45 +23	+59 +37	+93 +71	+146 +124
100	120	−180 −400											+101 +79	+166 +144

续表 10.14

基本尺寸/mm		公差带												
		c	d	f	g	h				k	n	p	s	u
120	140	−200 −450											+117 +92	+195 +170
140	160	−210 −460	−145 −245	−43 −83	−14 −39	0 −25	0 −40	0 −100	0 −250	+28 +3	+52 +27	+68 +43	+125 +100	+215 +190
160	180	−230 −480											+133 +108	+235 +210
180	200	−240 −530											+151 +122	+265 +236
200	225	−260 −550	−170 −285	−50 −96	−15 −44	0 −29	0 −46	0 −115	0 −290	+33 +4	+60 +31	+79 +50	+159 +130	+287 +258
225	250	−280 −570											+169 +140	+313 +284
250	280	−330 −620	−190 −320	−56 −108	−17 −49	0 −32	0 −52	0 −130	0 −320	+36 +4	+66 +34	+88 +56	+190 +158	+347 +315
280	315	−330 −650											+202 +170	+382 +350

表 10.15　优先配合中孔的极限偏差

μm

基本尺寸/mm		公差带												
		C	D	F	G	H				K	N	P	S	U
大于	至	11	9	8	7	7	8	9	11	7	7	7	7	7
—	3	+120 +60	+45 +20	+20 +6	+12 +2	+10 0	+14 0	+25 0	+60 0	0 −10	−4 −14	−6 −16	−14 −24	−18 −28
3	6	+145 +70	+60 +30	+28 +10	+16 +4	+12 0	+18 0	+30 0	+75 0	+3 −9	−4 −16	−8 −20	−15 −27	−19 −31
6	10	+170 +80	+76 +40	+35 +13	+20 +5	+15 0	+22 0	+36 0	+90 0	+5 −10	−4 −19	−9 −24	−17 −32	−22 −37
10	14	+205 +95	+93 +50	+43 +16	+24 +6	+18 0	+27 0	+43 0	+110 0	+6 −12	−5 −23	−11 −29	−21 −39	−26 −44
14	18													

续表 10.15

基本尺寸/mm		公差带												
		C	D	F	G	H				K	N	P	S	U
18	24	+240 +110	+117 +65	+53 +20	+28 +7	+21 0	+33 0	+52 0	+130 0	+6 −15	−7 −28	−14 −35	−27 −48	−33 −54
24	30													−40 −61
30	40	+280 +120	+142 +80	+64 +25	+34 +9	+25 0	+39 0	+62 0	+160 0	+7 −18	−8 −33	−17 −42	−34 −59	−51 −76
40	50	+290 +130												−61 −86
50	65	+330 +140	+174 +100	+76 +30	+40 +10	+30 0	+46 0	+74 0	+190 0	+9 −21	−9 −39	−21 −51	−42 −72	−76 −106
65	80	+340 +150											−48 −78	−91 −121
80	100	+390 +170	+207 +120	+90 +36	+47 +12	+35 0	+54 0	+87 0	+220 0	+10 −25	−10 −45	−24 −59	−58 −93	−111 −146
100	120	+400 +180											−66 −101	−131 −166
120	140	+450 +200	+245 +145	+106 +43	+54 +14	+40 0	+63 0	+100 0	+250 0	+12 −28	−12 −52	−28 −68	−77 −117	−155 −195
140	160	+460 +210											−85 −125	−175 −215
160	180	+480 +230											−93 −133	−195 −235
180	200	+530 +240	+285 +170	+122 +50	+61 +15	+46 0	+72 0	+115 0	+290 0	+13 −33	−14 −60	−33 −79	−105 −151	−219 −269
200	225	+550 +260											−113 −159	−241 −287
225	250	+570 +280											−123 −169	−267 −313

续表 10.15

基本尺寸/mm		公差带												
		C	D	F	G	H				K	N	P	S	U
250	280	+620 +300	+320 +190	+137 +56	+69 +17	+52 0	+81 0	+130 0	+320 0	+16 −36	−14 −66	−36 −88	−138 −190	−295 −347
280	315	+650 +330											−150 −202	−330 −382

表 10.16 线性尺寸的未注公差(GB/T1804—92)

mm

公差等级	线性尺寸的极限偏差数值								倒圆半径与倒角高度尺寸的极限偏差数值			
	尺寸分段								尺寸分段			
	0.5～3	>3～6	>6～30	>30～120	>120～400	>400～1 000	>1 000～2 000	>2 000～4 000	0.5～3	>3～6	>6～30	>30
f(精密级)	±0.05	±0.05	±0.1	±0.15	±0.2	±0.3	±0.5	—	±0.2	±0.5	±1	±2
m(中等级)	±0.1	±0.1	±0.2	±0.3	±0.5	±0.8	±1.2	±2				
c(粗糙级)	±0.2	±0.3	±0.5	±0.8	±1.2	±2	±3	±4	±0.4	±1	±2	±4
V(最粗级)	—	±0.5	±1	±1.5	±2.5	±4	±6	±8				

表 10.17 轴的各种基本偏差的应用

配合种类	基本偏差	配合特性及应用
间隙配合	a、b	可得到特别大的间隙,很少使用
	c	可得到很大的间隙,一般用于缓慢、松驰的间隙配合;用于工作条件较差(如农业机械),受力变形,或为便于装配而必须保证有较大间隙时;推荐配合为 H11/c11,其较高级的配合,如 H8/c7 用于轴在高温下工作的紧密配合,如内燃机排气阀和导管
	d	配合一般用于 IT7～11 级,用于松的转动配合,如密封盖、滑轮、空转带轮等与轴的配合;也用于大直径滑动轴承配合,如透平机、球磨机、轧滚成型和重型弯曲机及其他重型机械中的一些滑动支承
	e	用于 IT7～9 级,要求有明显间隙、易于转动的支承配合,如大跨距、多支点的支承等;高等级的适用于大型、高速、重载的支承配合,如涡轮发动机、大型电动机、内燃机、凸轮轴及摇臂支承

续表 10.17

配合种类	基本偏差	配合特性及应用
间隙配合	f	多用于IT6～8级的一般转动配合，当温度影响不大时，被广泛用于普通润滑油（或润滑脂）润滑的支承，如齿轮、小电动机、泵等的转轴与滑动支承的配合
	g	配合间隙很小，制造成本高，除很轻负荷的精密装置外，不推荐用于转动配合；多用于IT5～7级，最适于不回转的精密滑动配合，也用于插销等定位配合，如精密连杆轴承、活塞、滑阀及连杆销等
	h	多用于IT4～11级，广泛用于无相对转动的零件，作为一般的定位配合；若没有温度、变形的影响，也用于精密滑动配合
过渡配合	js	完全对称偏差，平均为稍有间隙的配合，多用于IT4～7级，要求间隙比h轴小，并允许略有过盈的定位配合，如连轴器，可用手或木锤装配
	k	平均为没有间隙的配合，适于IT4～7级，推荐用于稍有过盈的定位配合，如为了消除振动用的定位配合，一般用木锤装配
	m	平均为具有间隙的配合，适于IT4～7级，一般用木锤装配，但在最大过盈时，要求相当的压入力
	n	平均过盈比m轴稍大，很少得到间隙，适于IT4～7级，用木锤或压力机装配，推荐用于紧密的组件配合
过盈配合	p	与H6孔或H7孔配合时是过盈配合，与H8孔配合时则为过渡配合；对非铁类零件，为较轻的压入配合，当需要时易于拆卸；对钢、铸铁或铜、钢组件装配是标准的压入配合
	r	对铁类零件，为中等打入配合，对非铁类零件，为轻打入配合，当需要时可以拆卸；与H8孔配合，直径在100 mm以上时为过盈配合，直径小时为过渡配合
	s	用于钢和铁制零件的永久性和半永久性装配，可产生相当大的结合力；当用弹性材料，如轻合金时，配合性质与铁类零件的p轴相当，如套环压装在轴上、阀座等配合，尺寸较大时，为避免损伤配合表面，需用热胀或冷缩法装配
	t、u、v x、y、z	过盈量依次增大，一般不推荐使用

表 10.18　优先配合特性

基孔制	基轴制	优先配合特性
H11/c11	C11/h11	间隙非常大，用于很松的间隙配合；要求大公差与大间隙的外露组件、装配方便的很松的配合
H9/d9	D9/h9	间隙很大的自由转动配合，用于精度为非主要要求时，或有温度变化大、高转或大的轴颈压力时

续表 10.18

基孔制	基轴制	优先配合特性
H8/f7	F8/h7	间隙不大的转动配合,用于中等转速与中等轴颈压力的精确转动;也可用于装配较易的中等定位配合
H7/g6	G7/h6	间隙很小的间隙配合,用于不希望自由转动,但可自由移动和滑动并精密定位时,也可用于要求明确的定位配合
H7/h6 H8/h7 H9/h9 H11/h11	H7/h6 H8/h7 H9/h9 H11/h11	均为间隙定位配合,零件可自由装拆,而工作时一般相对静止不动。在最大实体状态下的间隙为零,在最小实体状态下的间隙由公差等级决定
H7/k6	K7/h6	过渡配合,用于精密定位
H7/n6	N7/h6	过渡配合,用于允许有较大过盈的更精密定位
H7* /p6	P7/h6	过盈定位配合,即小过盈配合,用于定位精度特别重要时,能以良好的定位精度达到部件的刚性及对中性要求,而对内孔承受压力无特殊要求,不依靠配合的紧固性传递摩擦负荷
H7/s6	S7/h6	中等压入配合,用于一般钢件;或用于薄壁的冷缩配合,用于铸铁件可得到最紧的配合
H7/u6	U7/h6	压入配合,用于可以承受压入力或不宜承受大压入力的冷缩配合

注:"*"配合在小于或等于 3 mm 时为过渡配合。

表 10.19 公差等级与加工方法的关系

加工方法	公差等级(IT)																	
	01	0	1	2	3	4	5	6	7	8	9	10	11	12	13	14	15	16
研磨	—	—	—	—	—													
珩磨						—	—	—	—									
圆磨、平磨							—	—	—	—								
拉削							—	—	—	—								
铰孔								—	—	—	—							
车、镗									—	—	—	—						
铣										—	—	—	—					
刨、插												—	—	—				
钻孔												—	—	—	—			
冲压												—	—	—	—	—		
粉末冶金成型								—	—	—								
砂型铸造、气割																		—
锻造																	—	

第11章　滚动轴承

11.1　常用滚动轴承

表 11.1　深沟球轴承(GB/T 276—94)

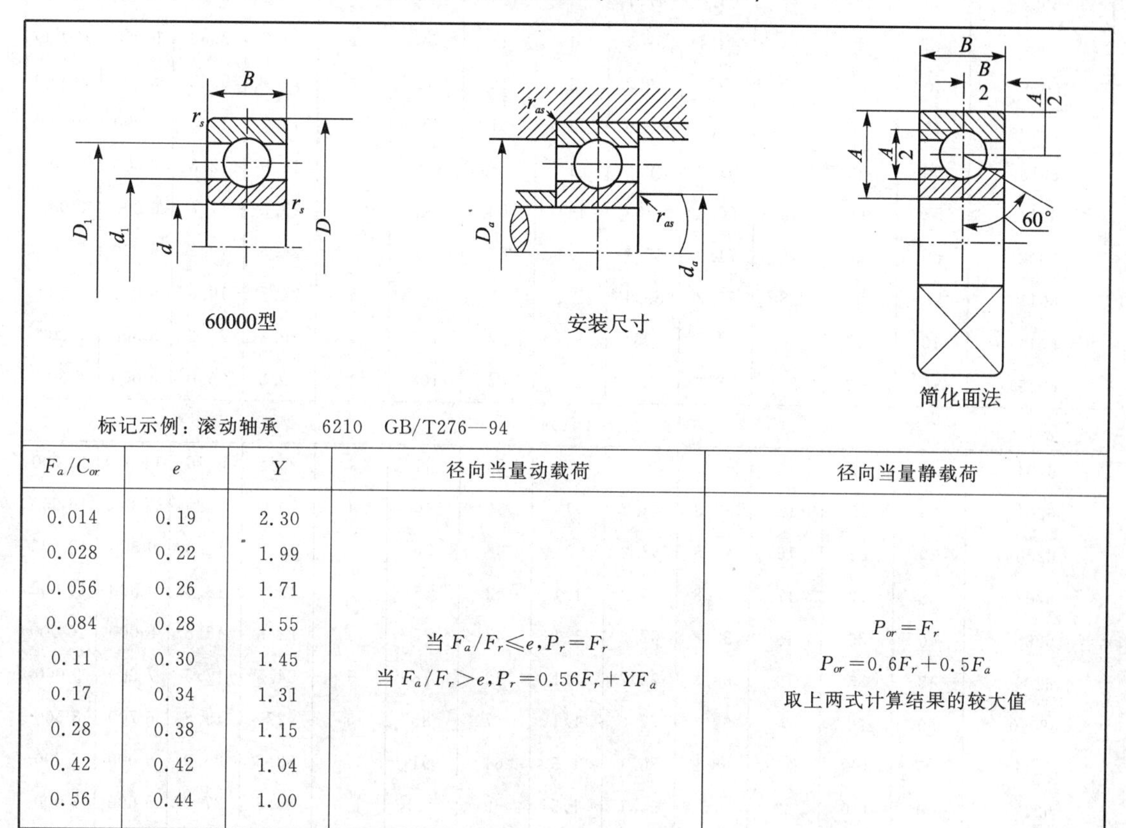

标记示例：滚动轴承　　6210　GB/T276—94

F_a/C_{or}	e	Y	径向当量动载荷	径向当量静载荷
0.014	0.19	2.30	当 $F_a/F_r \leqslant e, P_r=F_r$ 当 $F_a/F_r>e, P_r=0.56F_r+YF_a$	$P_{or}=F_r$ $P_{or}=0.6F_r+0.5F_a$ 取上两式计算结果的较大值
0.028	0.22	1.99		
0.056	0.26	1.71		
0.084	0.28	1.55		
0.11	0.30	1.45		
0.17	0.34	1.31		
0.28	0.38	1.15		
0.42	0.42	1.04		
0.56	0.44	1.00		

续表 11.1

轴承代号	基本尺寸/mm			其他尺寸/mm			安装尺寸/mm			基本额定负荷		极限转速/$(r\cdot min^{-1})$	
	d	D	B	$d_1\approx$	$D_1\approx$	r_s min	d_a min	D_a max	r_{as} max	C_r kN	C_{or} kN	min	max
0系列													
6004	20	42	12	26.9	35.1	0.6	25	37	0.6	7.22	4.45	15 000	19 000
6005	25	47	12	31.8	40.2	0.6	30	42	0.6	7.75	4.95	13 000	17 000
6006	30	55	13	38.4	47.7	1	36	49	1	10.2	6.88	10 000	14 000
6007	35	62	14	43.4	53.7	1	41	56	1	12.5	8.60	9 000	12 000
6008	40	68	15	48.8	59.2	1	46	62	1	13.2	9.42	8 500	11 000
6009	45	75	16	54.2	65.9	1	51	69	1	16.2	11.8	8 000	10 000
6010	50	80	16	59.2	70.9	1	56	74	1	16.8	12.8	7 000	9 000
6011	55	90	18	66.5	79	1.1	62	83	1	23.2	17.8	6 300	8 000
6012	60	95	18	71.9	85.7	1.1	67	88	1	24.5	19.2	6 000	7 500
6013	65	100	18	75.3	89.1	1.1	72	93	1	24.8	19.8	5 600	7 000
6014	70	110	20	82	98	1.1	77	103	1	29.8	24.2	5 300	6 700
6015	75	112	20	88.6	104	1.1	82	108	1	30.8	26.0	5 000	6 300
2系列													
6204	20	47	14	29.3	39.7	1	26	41	1	9.88	6.16	14 000	18 000
6205	25	52	15	33.8	44.2	1	31	46	1	10.8	6.95	12 000	16 000
6206	30	62	16	40.8	52.2	1	36	56	1	15.0	10.0	9 500	13 000
6207	35	72	17	46.8	60.2	1.1	42	65	1	19.8	13.5	8 500	11 000
6208	40	80	18	52.8	67.2	1.1	47	73	1	22.8	15.8	8 000	10 000
6209	45	85	19	58.8	73.2	1.1	52	78	1	24.5	17.5	7 000	9 000
62010	50	90	20	62.4	77.6	1.1	57	83	1	27	19.8	6 700	8 500
6211	55	100	21	68.9	86.1	1.5	64	91	1.5	33.5	25.0	6 000	7 500
6212	60	110	22	76	94.1	1.5	69	101	1.5	36.8	27.8	5 600	7 000
6213	65	120	23	82.5	102	1.5	74	111	1.5	44.0	34.0	5 000	6 300
6214	70	125	24	89	109	1.5	79	116	1.5	46.8	37.5	4 800	6 000
6215	75	130	25	94	115	1.5	84	121	1.5	50.8	41.2	4 500	5 600

续表 11.1

轴承代号	基本尺寸/mm			其他尺寸/mm			安装尺寸/mm			基本额定负荷		极限转速 /(r·min^{-1})	
	d	D	B	$d_1\approx$	$D_1\approx$	r_s min	d_a min	D_a max	r_{as} max	C_r kN	C_{or} kN	min	max
3系列													
6304	20	52	15	29.8	42.2	1.1	27	45	1	12.2	7.78	13 000	17 000
6305	25	62	17	36	51	1.1	32	55	1	17.2	11.2	10 000	14 000
6306	30	72	19	44.8	59.2	1.1	37	65	1	20.8	14.2	9 000	12 000
6307	35	80	21	50.4	66.6	1.5	44	71	1.5	25.8	17.8	8 000	10 000
6308	40	90	23	56.5	74.6	1.5	48	81	1.5	31.2	22.2	7 000	9 000
6309	45	100	25	63	84	1.5	54	91	1.5	40.8	29.8	6 300	8 000
6310	50	110	27	69.1	91.9	2	60	100	2	47.5	35.6	6 000	7 500
6311	55	120	29	76.1	100	2	65	110	2	55.2	41.8	5 800	6 700
6312	60	130	31	81.7	108	2.1	72	118	2.1	62.8	48.5	5 600	6 300
6313	65	140	33	88.1	117	2.1	77	128	2.1	72.2	56.5	4 500	5 600
6314	70	150	35	94.8	125	2.1	82	138	2.1	80.2	63.2	4 300	5 300
6315	75	160	37	101	134	2.1	87	148	2.1	87.2	71.5	4 000	5 000

表 11.2　角接触球轴承(GB/T 292—94)

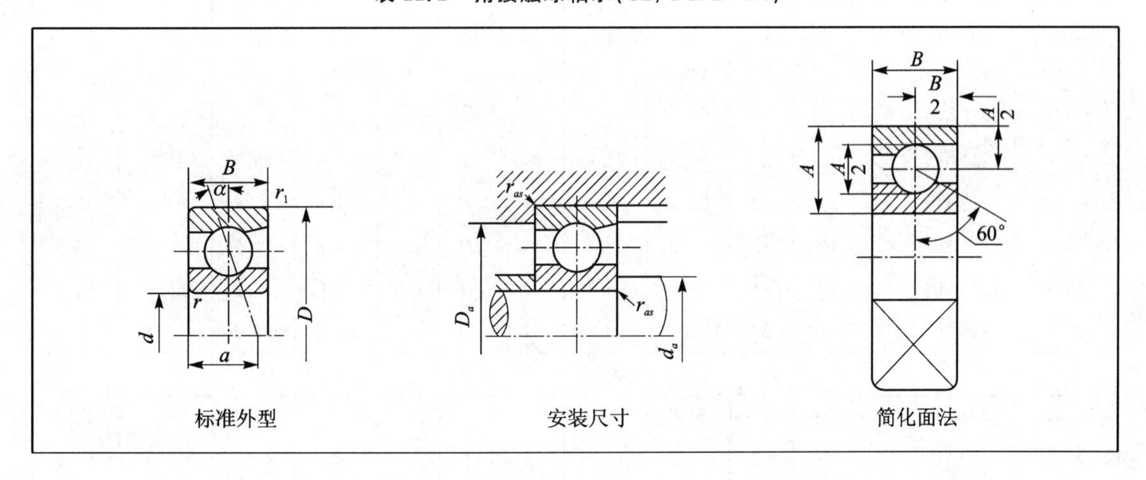

续表 11.2

7000C 型(α=15°)				7000AC 型(α=25°)
iF_a/C_{or}	e	Y	径向当量动载荷	径向当量静载荷
0.015	0.38	1.47	径向当量动负荷 当 $F_a/F_r \leqslant e, P_r=F_r$ 当 $F_a/F_r > e, P_r=0.44F_r+YF_a$	径向当量动负荷 当 $F_a/F_r \leqslant 0.68, P_r=F_r$ 当 $F_a/F_r > 0.68, P_r=0.41F_r+0.87F_a$
0.029	0.40	1.40		
0.058	0.43	1.30		
0.087	0.46	1.23		
0.12	0.47	1.19		
0.17	0.50	1.12	径向当量静负荷 $P_{or}=0.5F_r+0.46F_a$ $P_{or}=F_r$ 取上列两式计算结果的大值	径向当量静负荷 $P_{or}=0.5F_r+0.38F_a$ $P_{or}=F_r$ 取上列两式计算结果的大值
0.29	0.55	1.02		
0.44	0.56	1.00		
0.58	0.56	1.00		

轴承代号		基本尺寸/mm					安装尺寸/mm			基本额定动负荷 C_r/kN		基本额定静负荷 C_{or}/kN	
		d	D	B	a		d_a	D_a	r_{as}	7000C	7000AC	7000C	7000AC
					7000C	7000AC	min	max	max				
2 系列													
7204C	7204AC	20	47	14	11.5	14.9	26	41	1	11.2	10.8	7.46	7.00
7205C	7205AC	25	52	15	12.7	16.4	31	46	1	12.8	12.2	8.95	8.38
7206C	7206AC	30	62	16	14.2	18.7	36	56	1	17.8	16.8	12.8	12.2
7207C	7207AC	35	72	17	15.7	21	42	65	1	23.5	22.5	17.5	16.5
7208C	7208AC	40	80	18	17	23	47	73	1	26.8	25.8	20.5	19.2
7209C	7209AC	45	85	19	18.2	24.7	52	78	1	29.8	28.2	23.8	22.5
7210C	7210AC	50	90	20	19.4	26.3	57	83	1	32.8	31.5	26.8	25.2
7211C	7211AC	55	100	21	20.9	28.6	64	91	1.5	40.8	38.8	33.8	31.8
7212C	7212AC	60	110	22	22.4	30.8	69	101	1.5	44.8	42.8	37.8	35.5
7213C	7213AC	65	120	23	24.2	33.5	74	111	1.5	53.8	51.2	46.0	43.2
7214C	7214AC	70	125	24	25.3	35.1	79	116	1.5	56.0	53.2	49.2	46.2
7215C	7215AC	75	130	25	26.4	36.6	84	121	1.5	60.8	57.8	54.2	50.8
3 系列													
7301C	7301AC	12	37	12	8.6	12	18	31	1	8.10	8.08	5.22	4.88
7302C	7302AC	15	42	13	9.6	13.5	21	36	1	9.38	9.08	5.95	5.58
7303C	7303AC	17	47	14	10.4	14.8	23	41	1	12.8	11.5	8.62	7.08
7304C	7304AC	20	52	15	11.3	16.3	27	45	1	14.2	13.8	9.68	9.10

续表 11.2

轴承代号		基本尺寸/mm					安装尺寸/mm			基本额定动负荷 C_r/kN		基本额定静负荷 C_{or}/kN	
		d	D	B	a		d_a	D_a	r_{as}	7000C	7000AC	7000C	7000AC
					7000C	7000AC	min	max	max				
3 系列													
7305C	7305AC	25	62	17	13.1	19.1	32	55	1	21.5	20.8	15.8	14.8
7306C	7306AC	30	72	19	15	22.2	37	65	1	26.2	25.2	19.8	18.5
7307C	7307AC	35	80	21	16.6	24.5	44	71	1.5	34.2	32.8	26.8	24.8
7308C	7308AC	40	90	23	18.5	27.5	49	81	1.5	40.2	38.5	32.3	30.5
7309C	7309AC	45	100	25	20.2	30.2	54	90	1.5	49.2	47.5	39.8	37.2
7310C	7310AC	50	110	27	22	33	60	100	2	53.5	55.5	47.2	44.5
7311C	7311AC	55	120	29	23.8	35.8	65	110	2	70.5	67.2	60.5	56.8
7312C	7312AC	60	130	31	25.6	38.9	72	118	2.1	80.5	77.8	70.2	65.8
4 系列													
	7406AC	30	90	23		26.1	39	81	1		42.5		32.2
	7407AC	35	100	25		29	44	91	1.5		53.8		42.5
	7408AC	40	110	27		31.8	50	100	2		62.0		49.5
	7409AC	45	120	29		34.6	55	110	2		66.8		52.8
	7410AC	50	130	31		37.4	62	118	2.1		76.5		56.5
	7412AC	60	150	35		43.1	72	138	2.1		102		90.8
	7414AC	70	180	42		51.5	84	166	2.5		125		125
	7416AC	80	200	48		58.1	94	186	2.5		152		162
	7418AC	90	215	54		64.8	108	197	3		178		205

表 11.3　圆锥滚子轴承(GB/T 297—93)

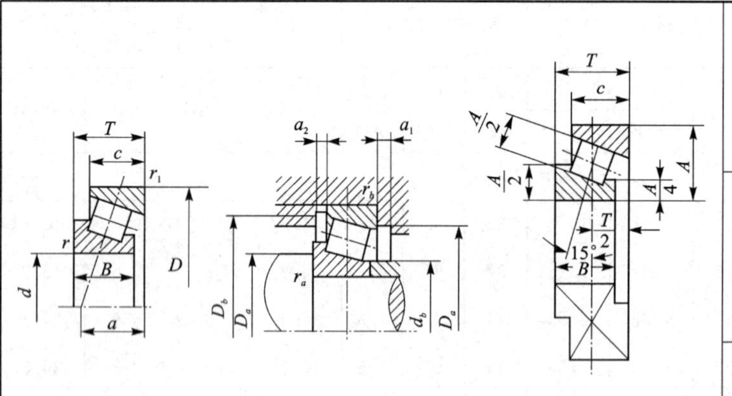

径向当量动负荷

当 $F_a/F_r \leqslant e, P_r = F_r$

当 $F_a/F_r > e, P_r = 0.40F_r + YF_a$

径向当量静负荷

$P_{or} = F_r$

$P_{or} = 0.5F_r + Y_0F_a$

取上列两式计算结果的大值

标记示例：

滚动轴承 30310 GB/T297—94

轴承代号	基本尺寸/mm						安装尺寸/mm							基本额定负荷		计算系数		
	d	D	T	B	c	$\alpha\approx$	d_a min	d_b max	D_a max	D_b min	a_1 min	a_2 min	r_a max	C_r /kN	C_{or} /kN	e	Y	Y_0
02 系列																		
30204	20	47	15.25	14	12	11.2	26	27	41	43	2	3.5	1	26.8	18.2	0.35	1.7	1
30205	25	52	16.25	15	13	12.6	31	31	46	48	2	3.5	1	32.2	23	0.37	1.6	0.9
30206	30	62	17.25	16	14	13.8	36	37	56	58	2	3.5	1	41.2	29.5	0.37	1.6	0.9
30207	35	72	18.25	17	15	15.3	42	44	65	67	3	4	1.5	51.5	37.2	0.37	1.6	0.9
30208	40	80	19.75	18	16	16.9	47	49	73	75	3	4	1.5	59.8	42.8	0.37	1.6	0.9
30209	45	85	20.75	19	16	18.6	52	53	78	80	3	5	1.5	64.2	47.8	0.4	1.5	0.8
30210	50	90	21.75	20	17	20	57	58	83	86	3	5	1.5	72.2	55.2	0.42	1.4	0.8
30211	55	100	22.75	21	18	21	64	64	91	95	4	5	2	86.5	65.5	0.4	1.5	0.8
30212	60	110	23.75	22	19	22.4	69	69	101	103	4	5	2	97.8	74.5	0.4	1.5	0.8
30213	65	120	24.75	23	20	24	74	77	111	114	4	5	2	112	86.2	0.4	1.5	0.8
30214	70	125	26.25	24	21	25.9	79	81	116	119	4	5.5	2	125	97.5	0.42	1.4	0.8
30215	75	130	27.25	25	22	27.4	84	85	121	125	4	5.5	2	130	105	0.44	1.4	0.8

续表 11.3

轴承代号	基本尺寸/mm						安装尺寸/mm							基本额定负荷		计算系数		
	d	D	T	B	c	$\alpha\approx$	d_a min	d_b max	D_a max	D_b min	a_1 min	a_2 min	r_a max	C_r /kN	C_{or} /kN	e	Y	Y_0
03 系列																		
30304	20	52	16.25	15	13	11	27	28	45	48	3	3.5	1.5	31.5	20.8	0.3	2	1.1
30305	25	62	18.25	17	15	13	32	34	55	58	3	3.5	1.5	44.5	30	0.3	2	1.1
30306	30	72	20.75	19	16	15	37	40	65	66	3	5	1.5	55.8	38.5	0.31	1.9	1
30307	35	80	22.75	21	18	17	44	45	71	74	3	5	2	71.2	50.2	0.31	1.9	1
30308	40	90	25.25	23	20	19.5	49	52	81	84	3	5.5	2	86.2	63.8	0.35	1.7	1
30309	45	100	27.75	25	22	21.5	54	59	91	94	3	5.5	2	102	76.2	0.35	1.7	1
30310	50	110	29.25	27	23	23	60	65	100	103	4	6.5	2.1	122	92.5	0.35	1.7	1
30311	55	120	31.5	29	25	25	65	70	110	112	4	6.5	2.1	145	112	0.35	1.7	1
30312	60	130	33.5	31	26	26.5	72	76	118	121	5	7.5	2.5	162	125	0.35	1.7	1
30313	65	140	36	33	28	29	77	83	128	131	5	8	2.5	185	142	0.35	1.7	1
30314	70	150	38	35	30	30.6	82	89	138	141	5	8	2.5	208	162	0.35	1.7	1
30315	75	160	40	37	31	32	87	95	148	150	5	9	2.5	238	188	0.35	1.7	1
22 系列																		
32206	30	62	21.5	20	17	15.4	36	36	56	58	3	4.5	1	49.2	37.2	0.37	1.6	0.9
32207	35	72	24.25	23	19	17.6	42	42	65	68	3	5.5	1.5	67.5	52.5	0.37	1.6	0.9
32208	40	80	24.75	23	19	19	47	48	73	75	3	6	1.5	74.2	56.8	0.37	1.6	0.9
32209	45	85	24.75	23	19	20	52	53	78	81	3	6	1.5	79.5	62.8	0.4	1.5	0.8
32210	50	90	24.75	23	19	21	57	57	83	86	3	6	1.5	84.8	68	0.42	1.4	0.8
32211	55	100	26.75	25	21	22.5	64	62	91	96	4	6	2	102	81.5	0.4	1.5	0.8
32212	60	110	29.75	28	24	24.9	69	68	101	105	4	6	2	125	102	0.4	1.5	0.8
32213	65	120	32.75	31	27	27.2	74	75	111	115	4	6	2	152	125	0.4	1.5	0.8
32214	70	125	33.25	31	27	28.6	79	79	116	120	4	6.5	2	158	135	0.42	1.4	0.8
32215	75	130	33.25	31	27	30.2	84	84	121	126	4	6.5	2	160	135	0.44	1.4	0.8
32216	80	140	35.25	33	28	31.3	90	89	130	135	5	7.5	2.1	188	158	0.42	1.4	0.8
32217	85	150	38.5	36	30	34	95	95	140	143	5	8.5	2.1	215	185	0.42	1.4	0.8
32218	90	160	42.5	40	34	36.7	100	101	150	153	5	8.5	2.1	258	225	0.42	1.4	0.8
32219	95	170	45.5	43	37	39	107	106	158	163	5	8.5	2.5	285	255	0.42	1.4	0.8
32220	100	180	49	46	39	41.8	112	113	168	172	5	10	2.5	322	292	0.42	1.4	0.8

续表 11.3

轴承代号	基本尺寸/mm						安装尺寸/mm							基本额定负荷		计算系数		
	d	D	T	B	c	$\alpha\approx$	d_a min	d_b max	D_a max	D_b min	a_1 min	a_2 min	r_a max	C_r /kN	C_{or} /kN	e	Y	Y_0
23系列																		
32304	20	52	22.52	21	18	13.4	27	28	45	48	3	4.5	1.5	40.8	28.8	0.3	2	1.1
32305	25	62	25.25	24	20	15.5	32	32	55	58	3	5.5	1.5	58	42.5	0.3	2	1.1
32306	30	72	28.75	27	23	18.8	37	38	65	66	4	6	1.5	77.5	58.8	0.31	1.9	1
32307	35	80	32.75	31	25	20.5	44	43	71	74	4	8	2	93.3	72.2	0.31	1.9	1
32308	40	90	35.25	33	27	23.4	49	49	81	83	4	8.5	2	110	87.8	0.35	1.7	1
32309	45	100	38.25	36	30	25.6	54	56	91	93	4	8.5	2	138	111.8	0.35	1.7	1
32310	50	110	42.25	40	33	28	60	61	100	102	5	9.5	2.1	168	140	0.35	1.7	1
32311	55	120	45.5	43	35	30.6	65	66	110	111	5	10.5	2.1	192	162	0.35	1.7	1
32312	60	130	48.5	46	37	32	72	72	118	122	6	11.5	2.5	215	180	0.35	1.7	1
32313	65	140	51	48	39	34	77	79	128	131	6	12	2.5	245	208	0.35	1.7	1
32314	70	150	54	51	42	36.5	82	84	138	141	6	12	2.5	285	242	0.35	1.7	1
32315	75	160	58	55	45	39	87	91	148	150	7	13	2.5	328	288	0.35	1.7	1

11.2 滚动轴承的配合

表 11.4 安装向心轴承的外壳孔公差带代号(GB/T 275—93)

<table>
<tr><th colspan="2">运转状态</th><th rowspan="2">载荷状态</th><th rowspan="2">其他状态</th><th colspan="2">公差带</th></tr>
<tr><th>说 明</th><th>举 例</th><th>球轴承</th><th>滚子轴承</th></tr>
<tr><td rowspan="2">外圈相对于载荷方向静止</td><td rowspan="2">一般机械、电动机、铁路机车车辆轴箱</td><td>轻、正常、重</td><td>轴向易移动，采用剖分式外壳</td><td colspan="2" rowspan="2">H7、G7</td></tr>
<tr><td>冲击</td><td rowspan="2">轴向能移动，采用整体或剖分式外壳</td></tr>
<tr><td rowspan="3">外圈相对于载荷方向摆动</td><td rowspan="3">曲轴主轴承、泵、电动机</td><td>轻、正常</td><td colspan="2">J7、Js7</td></tr>
<tr><td>正常、重</td><td rowspan="5">轴向不移动，可采用整体式外壳</td><td colspan="2">K7</td></tr>
<tr><td>冲击</td><td colspan="2">M7</td></tr>
<tr><td rowspan="3">外圈相对于载荷方向旋转</td><td rowspan="3">张紧滑轮、轴毂轴承</td><td>轻</td><td>J7</td><td>K7</td></tr>
<tr><td>正常、重</td><td>K7、M7</td><td>M7、N7</td></tr>
<tr><td>冲击</td><td>—</td><td>N7、P7</td></tr>
</table>

注：1. 并列公差带随尺寸的增大从左至右选择，对旋转精度有较高要求时，可相应提高一个公差等级。

2. 公差带 G7 不适用于剖分式外壳。

表 11.5　向心轴承和轴的配合、轴公差带代号(GB/T 275—93)

运转状态		载荷状态	深沟球轴承 角接触球轴承	圆锥滚子轴承	调心滚子轴承	公差带
说　明	应用举例		轴承公称内径 d /mm			
内圈相对载荷方向旋转或摆动	传送带、机床主轴、泵、通风机	轻	⩽18 ＞18～100 ＞100～200	— ⩽40 ＞40～140	— ⩽40 ＞40～140	h5 j6 k6
	变速箱、一般通用机械、内燃机	正常	⩽18 ＞18～100 ＞100～140 ＞140～200	— ⩽40 ＞40～100 ＞100～140	— ⩽40 ＞40～100 ＞100～140	j5、js5 k5 m5 m6
	破碎机、铁路车辆、轧机	重	—	＞50～140 ＞140～200	＞50～100 ＞100～140	n6 p6
内圈相对于载荷方向静止	静止轴上的各种轮子	所有载荷	所有尺寸			f6、g6
	张紧滑轮、绳索轮					h6、j6
仅受轴向载荷			所有尺寸			j6 js6

表 11.6　轴和外壳孔的形位公差

基本尺寸 mm		圆柱度				端面圆跳动			
		轴　颈		外壳孔		轴　肩		外壳孔肩	
		轴承公差等级							
		/PO	/P6	/PO	/P6	/PO	/P6	/PO	/P6
大于	至	公差值　μm							
—	6	2.5	1.5	4	2.5	5	3	8	5
6	10	2.5	1.5	4	2.5	6	4	10	6
10	18	3.0	2.0	5	3.0	8	5	12	8
18	30	4.0	2.5	6	4.0	10	6	15	10
30	50	4.0	2.5	7	4.0	12	8	20	15
50	80	5.0	3.0	8	5.0	15	10	25	15
80	120	6.0	4.0	10	6.0	15	10	25	15
120	180	8.0	5.0	12	8.0	20	12	30	20
180	250	10.0	7.0	14	10.0	20	12	30	20
250	315	12.0	8.0	16	12.0	25	15	40	25

表 11.7 向心轴承和轴的配合、轴公差带代号(GB/T 275—93)

<table>
<tr><td rowspan="3">配合表面</td><td rowspan="3">轴承公差等级</td><td rowspan="3">配合表面的尺寸
公差等级</td><td colspan="2">轴承内径或外径/mm</td></tr>
<tr><td>至 80</td><td>大于 80～500</td></tr>
<tr><td colspan="2">表面粗糙度参数 Ra/μm 按 GB1031—83</td></tr>
<tr><td rowspan="2">轴颈</td><td>/PO</td><td>IT6</td><td>1</td><td>1.6</td></tr>
<tr><td>/P6</td><td>IT5</td><td>0.63</td><td>1</td></tr>
<tr><td rowspan="2">外壳孔</td><td>/PO</td><td>IT7</td><td>0.6</td><td>2.5</td></tr>
<tr><td>/P6</td><td>IT6</td><td>1</td><td>1.6</td></tr>
<tr><td rowspan="2">轴和外壳孔肩端面</td><td>/PO</td><td rowspan="2">—</td><td>2</td><td>2.5</td></tr>
<tr><td>/P6</td><td>1.25</td><td>2</td></tr>
</table>

第 12 章　润滑和密封

12.1　润滑剂

12.1.1　润滑剂

润滑剂的选择如表 12.1～2 所列。

表 12.1　常用润滑油的主要性质和用途

<table>
<tr><th rowspan="2">名　称</th><th rowspan="2">代　号</th><th colspan="2">运动黏度/(mm²・s⁻¹)</th><th rowspan="2">倾点/℃
(不高于)</th><th rowspan="2">闪点(开口)/℃
(不低于)</th><th rowspan="2">主要用途</th></tr>
<tr><th>40 ℃</th><th>100 ℃</th></tr>
<tr><td rowspan="7">全损耗
系统用油
(GB443－89)</td><td>L－AN5</td><td>4.14～5.06</td><td>—</td><td rowspan="7">－5</td><td>80</td><td rowspan="3">用于各种高速轻载机械轴承的润滑和冷却</td></tr>
<tr><td>L－AN10</td><td>9.00～11.00</td><td>—</td><td>130</td></tr>
<tr><td>L－AN22</td><td>19.8～24.2</td><td>—</td><td>150</td></tr>
<tr><td>L－AN32</td><td>28.8～35.2</td><td>—</td><td>150</td><td rowspan="4">对润滑油无特殊要求的场合，不适用于循环系统</td></tr>
<tr><td>L－AN46</td><td>41.4～50.6</td><td>—</td><td>160</td></tr>
<tr><td>L－AN68</td><td>61.2～74.8</td><td>—</td><td rowspan="2">180</td></tr>
<tr><td>L－AN100</td><td>90.0～110</td><td>—</td></tr>
<tr><td rowspan="6">液压油
(GB11118.1－94)</td><td>L－HL15</td><td>13.5～16.5</td><td>—</td><td>－12</td><td rowspan="2">140</td><td rowspan="6">用于机床和其他设备的低压齿轮泵润滑</td></tr>
<tr><td>L－HL22</td><td>19.8～24.2</td><td>—</td><td>－9</td></tr>
<tr><td>L－HL32</td><td>28.8～35.2</td><td>—</td><td rowspan="4">－6</td><td>160</td></tr>
<tr><td>L－HL46</td><td>41.4～50.6</td><td>—</td><td rowspan="3">180</td></tr>
<tr><td>L－HL68</td><td>61.2～74.8</td><td>—</td></tr>
<tr><td>L－HL100</td><td>90.0～110</td><td>—</td></tr>
<tr><td rowspan="6">工业闭式
齿轮油
(GB5903－95)</td><td>L－CKC68</td><td>61.2～74.8</td><td>—</td><td rowspan="6">－8</td><td rowspan="2">180</td><td rowspan="6">用于煤炭、水泥等大型封闭式齿轮传动装置的润滑</td></tr>
<tr><td>L－CKC100</td><td>90.0～110</td><td>—</td></tr>
<tr><td>L－CKC150</td><td>135～165</td><td>—</td><td rowspan="4">200</td></tr>
<tr><td>L－CKC220</td><td>198～242</td><td>—</td></tr>
<tr><td>L－CKC320</td><td>288～352</td><td>—</td></tr>
<tr><td>L－CKC460</td><td>414～506</td><td>—</td></tr>
</table>

续表 12.1

名　称	代　号	运动黏度/$(mm^2 \cdot s^{-1})$		倾点/℃ (不高于)	闪点(开口)/℃ (不低于)	主要用途
		40 ℃	100 ℃			
L-CPE/P 蜗轮蜗杆油 (GH0094-91)	220	198～242	—	-12	200	用于承受重载、传动中有振动冲压的蜗轮蜗杆传动润滑
	320	288～352	—			
	460	414～506	—		220	
	680	612～748	—			
	1000	900～1100	—			

表 12.2　常用润滑脂的主要性质和用途

名　称	牌　号	滴点/℃ (不低于)	工作锥入度 (25℃150kg)1/10mm	主要用途
钠基润滑脂 (GB492-89)	ZN-2	160	265～295	用于工作温度在-10～110 ℃的一般中负荷机械设备轴承润滑
	ZN-3	160	220～250	
钙基润滑脂 (SH0368-92)	1	120	250～290	有耐水性能,用于工作温度 80～100 ℃运输设备的轴承润滑
	2	135	200～240	
石墨钙基润滑脂 (ZBE36002-88)	ZG-S	80	—	人字齿轮、起重机的底盘齿轮,高压低速的粗糙机械润滑
通用锂基润滑脂 (GB7324-87)	ZL-1	170	310～340	用于-20～120 ℃内各种机械的轴承及其摩擦部位的润滑
	ZL-2	175	265～295	
	ZL-3	180	220～250	
二硫化钼锂基脂	ZL-1E	175	310～340	用于高负荷和高温下操作的冶金、矿山机械设备的润滑
	ZL-2E		265～295	
	ZL-3E		220～250	
	ZL-4E		175～205	
	ZL-5E		130～160	
707号齿轮润滑脂 (SY4036-84)		160	75～90	用于各种低温,中、重载荷齿轮、链和联轴器的润滑
高温润滑脂 (GB11124-89)	7014-1	280	62～75	用于高温下各种滚动轴承润滑
工业用凡士林 (GB6731-86)	—	54	—	用于金属零件、机器的防锈,在温度不高负荷不大时可用作减摩润滑脂

12.1.2　油　杯

油杯的选择方法如表 12.3～4 所列。

1. 直通式压注油杯

表 12.3　直通式压注油杯(GB1152—89)

mm

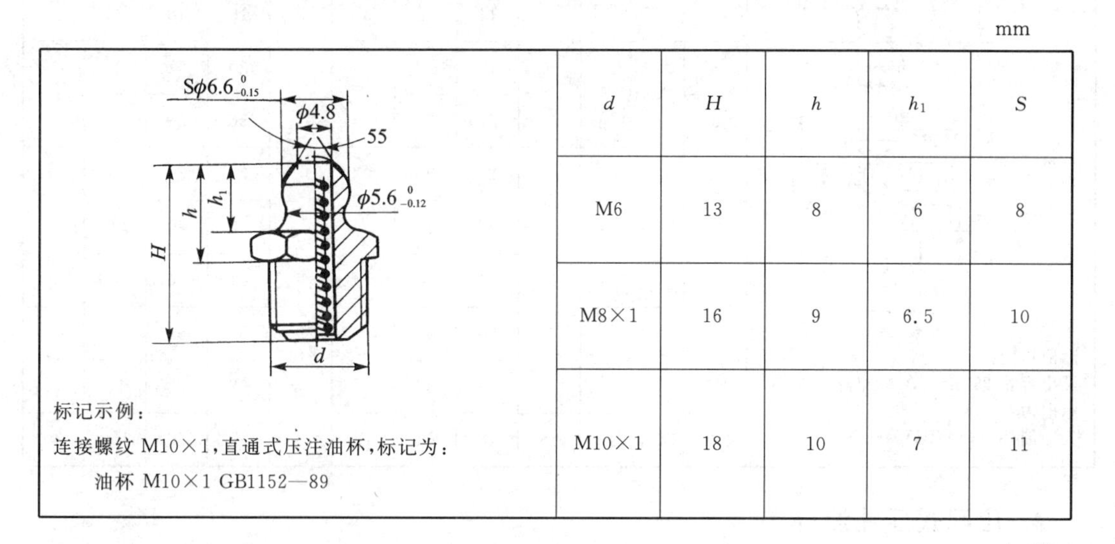

标记示例：
连接螺纹 M10×1,直通式压注油杯,标记为：
油杯 M10×1 GB1152—89

d	H	h	h_1	S
M6	13	8	6	8
M8×1	16	9	6.5	10
M10×1	18	10	7	11

2 . 接头式压油注油杯

表 12.4　接头式压油注油杯(GB1153—89)

mm

标记示例：
连接螺纹 M10×1,45°接头式压注油杯,标记为：
油杯 45°M10×1 GB1153—89

d	d_1	a	S
M6	3	45° 90°	11
M8×1	4		
M10×1	5		

3. 旋盖式油杯

表 12.5　旋盖式油杯(GB1154—89)

mm

<table>
<tr><th rowspan="2">最小容量/cm³</th><th rowspan="2">d</th><th rowspan="2">l</th><th rowspan="2">H</th><th rowspan="2">h</th><th rowspan="2">h₁</th><th rowspan="2">d₁</th><th colspan="2">D</th><th rowspan="2">l_{max}</th><th rowspan="2">S</th></tr>
<tr><th>A 型</th><th>B 型</th></tr>
<tr><td>1.5</td><td>M8×1</td><td rowspan="3">8</td><td>14</td><td>22</td><td>7</td><td>3</td><td>16</td><td>18</td><td>33</td><td>10</td></tr>
<tr><td>3</td><td rowspan="2">M10×1</td><td>15</td><td>23</td><td rowspan="2">8</td><td rowspan="2">4</td><td>20</td><td>22</td><td>35</td><td rowspan="2">15</td></tr>
<tr><td>6</td><td>17</td><td>26</td><td>26</td><td>28</td><td>40</td></tr>
<tr><td>12</td><td rowspan="3">M14×1.5</td><td rowspan="5">12</td><td>20</td><td>30</td><td rowspan="5">10</td><td rowspan="5">5</td><td>32</td><td>34</td><td>47</td><td rowspan="3">18</td></tr>
<tr><td>18</td><td>22</td><td>32</td><td>36</td><td>40</td><td>50</td></tr>
<tr><td>25</td><td>24</td><td>34</td><td>41</td><td>44</td><td>55</td></tr>
<tr><td>50</td><td rowspan="2">M16×1.5</td><td>30</td><td>44</td><td>51</td><td>54</td><td>70</td><td rowspan="2">21</td></tr>
<tr><td>100</td><td>38</td><td>52</td><td>68</td><td>68</td><td>85</td></tr>
<tr><td>200</td><td>M24×1.5</td><td>16</td><td>48</td><td>64</td><td>12</td><td>6</td><td>—</td><td>86</td><td>100</td><td>30</td></tr>
</table>

A型

B型

标记示例：
最小容量 25 cm³，A 型旋盖式油杯，标记为：

油杯 A25 GB1154—89

4. 压配式压注油杯

表 12.6　压配式压注油杯(GB1155—89)

mm

d 基本尺寸	d 极限偏差	H	钢球(GB308)
6	+0.040 +0.028	6	4
8	+0.049 +0.034	8	5
10	+0.058 +0.040	10	6
16	+0.063 +0.045	16	11
25	+0.085 +0.064	25	13

标记示例：
D=6 mm 压配式压注油杯，标记为：

油杯 6GB 1155—89

12.2　密封件

密封件的选择如表 12.7～9 所列。

1. 毡圈油封及槽

表 12.7　毡圈油封及槽(JB/ZQ4606—86)

mm

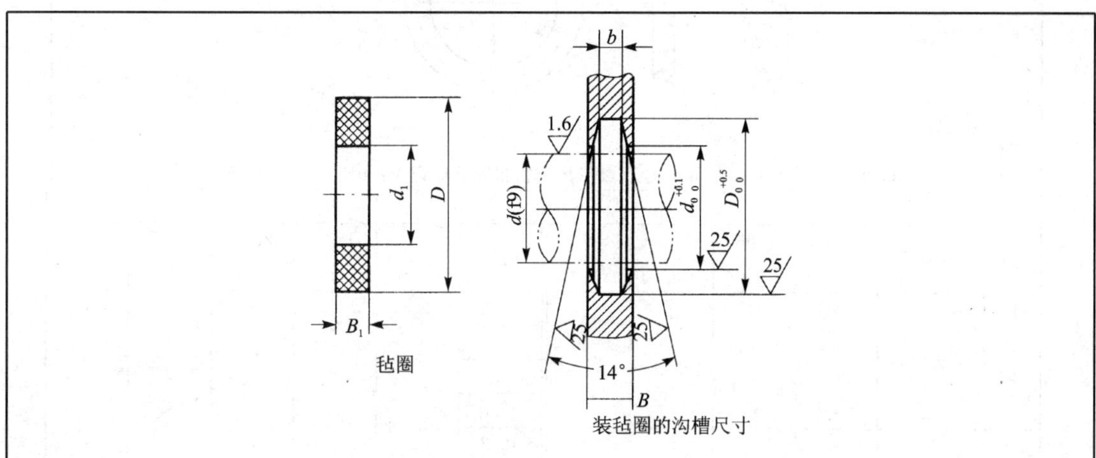

毡圈　　装毡圈的沟槽尺寸

标记示例：

轴径 d=40 mm 的毡圈油封。标记为：毡圈　50 JB/ZQ4606—86

轴径 d	毡封圈			槽				
	D	d_1	b_1	D_0	d_0	b	B_{min}	
							钢	铸铁
16	29	14	6	28	16	5	10	12
20	33	19		32	21			
25	39	24	7	38	26	6	12	15
30	45	29		44	31			
35	49	34		48	36			
40	53	39		52	41			
45	61	44	8	60	46	7		
50	69	49		68	51			
55	74	53		72	56			
60	80	58		78	61			
65	84	63		85	66			
70	90	68		88	71			
75	94	73		92	77			

2. 通用O型橡胶密封圈

表12.8　通用O型橡胶密封圈(代号G)(GB3452.1—92)

mm

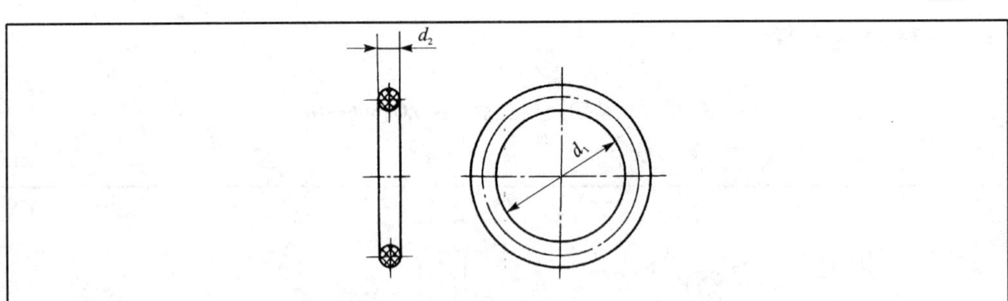

标记示例：

内径 d_1=40 mm截面直径 d_2=3.55 mm通用O形橡胶密封圈。标记为：40×3.55G　GB 3452.1—92

d_1		d_2				d_1		d_2			
内径	公差	1.80 ±0.08	2.65 ±0.09	3.55 ±0.10	5.30 ±0.13	内径	公差	1.80 ±0.08	2.65 ±0.09	3.55 ±0.10	5.30 ±0.13
15.0	±0.17	*	*			41.2	±0.36		*	*	*
16.0		*	*			42.5			*	*	*
17.0		*	*			43.7		*	*	*	*
18.0		*	*	*		45.0			*	*	*
20.0	±0.22	*	*	*		46.2		*	*	*	*
21.2		*	*	*		47.5			*	*	*
22.4		*	*	*		48.7		*	*	*	*
23.6		*	*	*		50.0			*	*	*
25.0		*	*	*		51.5	±0.44		*	*	*
25.8		*	*	*		53.0			*	*	*
26.5		*	*	*		54.5			*	*	*
28.0		*	*	*		56.0			*	*	*
30.0		*	*	*		58.0			*	*	*
31.5	±0.30		*	*		60.0			*	*	*
32.5		*	*	*		61.5			*	*	*
33.5			*	*		63.0			*	*	*
34.5		*	*	*		65.0	±0.53			*	*
35.5			*	*		67.0			*	*	*
36.5			*	*		69.0				*	*
37.5		*	*	*		71.0			*	*	*
38.7			*	*		73.0				*	*
40.0		*	*	*	*	75.0			*	*	*

注：表中“*”是指GB 3452.1—92规定的规格。

3. J 形无骨架橡胶油封

表 12.9　J 形无骨架橡胶油封(HG4－338－66,1988 年确认继续使用)　mm

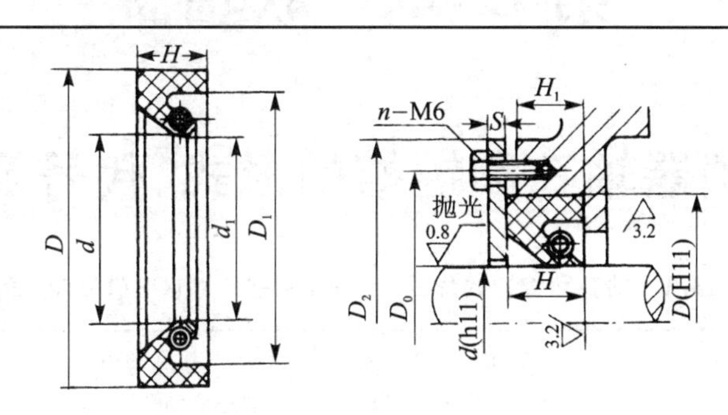

标记示例：

D＝50 mm、D＝75 mm、H＝12 mm、材料为耐油橡胶Ⅰ－1 的 J 型无骨架橡胶油封。标记为：

J 形油封 50×75×12 橡胶Ⅰ－1　HG4－338—66

轴径 d		30～95 (按 5 进位)	100～170 (按 10 进位)
油封尺寸	D	$d+25$	$d+30$
	D_1	$d+16$	$d+20$
	d_1	$d-1$	
	H	12	16
油封槽尺寸	S	6～8	8～10
	D_0	$D+15$	
	D_2	D_0+15	
	n	4	6
	H_1	$H-(1\sim2)$	

第 13 章　联轴器

13.1　联轴器轴孔和键槽的形式、代号及系列尺寸

表 13.1　轴孔和键槽的形式、代号及系列尺寸(GB/T3852—97)

	长圆柱形轴孔（Y 型）	有沉孔的短圆柱形轴孔（J 型）	无沉孔的短圆柱形轴孔（J_1 型）	有沉孔的圆锥形轴孔（Z 型）
轴孔				
键槽	A型　B型			C型

轴孔和 C 型键槽尺寸　　mm

直径	轴孔长度			沉孔		C 型键槽		
d、d_z	L		L_1	d_1	R	b	t_2	
	Y 型	J、J_1、Z 型					公称尺寸	极限偏差

续表 13.1

<table>
<tr><td>直径</td><td colspan="3">轴孔长度</td><td colspan="2">沉孔</td><td colspan="3">C 型键槽</td></tr>
<tr><td rowspan="2">d、d_z</td><td colspan="2">L</td><td rowspan="2">L_1</td><td rowspan="2">d_1</td><td rowspan="2">R</td><td rowspan="2">b</td><td colspan="2">t_2</td></tr>
<tr><td>Y 型</td><td>J、J_1、Z 型</td><td>公称尺寸</td><td>极限偏差</td></tr>
<tr><td>16</td><td rowspan="3">42</td><td rowspan="3">30</td><td rowspan="3">42</td><td rowspan="6">38</td><td rowspan="10">1.5</td><td>3</td><td>8.7</td><td rowspan="12">±0.1</td></tr>
<tr><td>18</td><td rowspan="4">4</td><td>10.1</td></tr>
<tr><td>19</td><td>10.6</td></tr>
<tr><td>20</td><td rowspan="3">52</td><td rowspan="3">38</td><td rowspan="3">52</td><td>10.9</td></tr>
<tr><td>22</td><td>11.9</td></tr>
<tr><td>24</td><td rowspan="4">5</td><td>13.4</td></tr>
<tr><td>25</td><td rowspan="2">62</td><td rowspan="2">44</td><td rowspan="2">62</td><td rowspan="2">48</td><td>13.7</td></tr>
<tr><td>28</td><td>15.2</td></tr>
<tr><td>30</td><td rowspan="4">82</td><td rowspan="4">60</td><td rowspan="4">82</td><td rowspan="3">55</td><td>15.8</td></tr>
<tr><td>32</td><td rowspan="10">2</td><td rowspan="3">6</td><td>17.3</td></tr>
<tr><td>35</td><td>18.3</td></tr>
<tr><td>38</td><td rowspan="3">65</td><td>20.3</td></tr>
<tr><td>40</td><td rowspan="8">112</td><td rowspan="8">84</td><td rowspan="8">112</td><td rowspan="2">10</td><td>21.2</td><td rowspan="8">±0.2</td></tr>
<tr><td>42</td><td>22.2</td></tr>
<tr><td>45</td><td rowspan="5">80</td><td rowspan="3">12</td><td>23.7</td></tr>
<tr><td>48</td><td>25.2</td></tr>
<tr><td>50</td><td>26.2</td></tr>
<tr><td>55</td><td rowspan="2">12</td><td>29.2</td></tr>
<tr><td>56</td><td>29.7</td></tr>
</table>

<table>
<tr><td colspan="5">轴孔与轴伸的配合、键槽宽度 b 的极限偏差</td></tr>
<tr><td>d、d_z/mm</td><td colspan="2">圆柱形轴孔与轴伸的配合</td><td>圆锥形轴孔的直径偏差</td><td>键槽宽度 b 的极限偏差</td></tr>
<tr><td>6～30</td><td>H7/j6</td><td rowspan="3">根据使用要求也可选用 H7/r6 或 H7/n6</td><td rowspan="3">Js10
（圆锥角度及圆锥形状公差应小于直径公差）</td><td rowspan="3">P9
（或 Js9、D10）</td></tr>
<tr><td>>30～50</td><td>H7/k6</td></tr>
<tr><td>>50</td><td>H7/m6</td></tr>
</table>

13.2　凸缘联轴器

表 13.2　凸缘联轴器(GB5843—86)

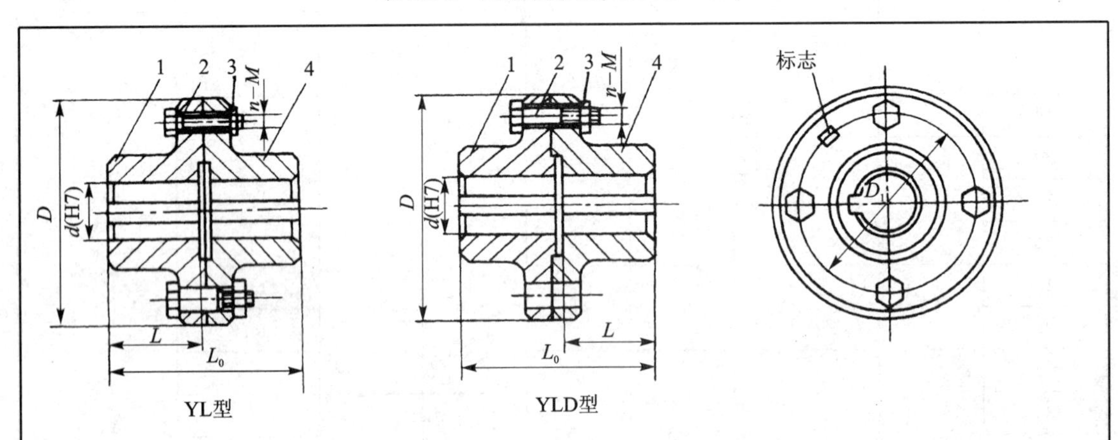

1、4—半联轴器；2—螺栓；3—尼龙锁紧螺帽

标记示例：

主动端，J 型轴孔，A 型键槽，$d=30$ mm，$L=60$ mm；从动端，J1 型轴孔，B 型键槽，$d=28$ mm，$L=44$mmYL3 型联轴器。

标记为：

$$\text{YL3 联轴器}\ \frac{\text{J}30\times 60}{\text{J}_1\text{B}28\times 44}\quad \text{GB 5843—86}$$

型号	公称扭矩/(N·m)	许用转速/(r/min)		轴孔直径 D(H7)/mm	轴孔长度 L/mm		D/mm	D_1/mm	螺栓		L_0/mm	
		铁	钢		Y 型	J、J_1 型			数量	直径/mm	Y 型	J、J_1 型
YL1 YLD1	10	8100	13000	10,11	25	22	71	53	3 (3)	M6	54	48
				12,14	32	27					68	58
				16,18,19	42	30					88	64
				20,(22)	52	38					108	80
YL2 YLD2	16	7200	12000	12,14	32	27	80	64	4 (4)		68	58
				16,18,19,	42	30					88	64
				20,(22)	52	38					108	80

续表 13.2

型号	公称扭矩/(N·m)	许用转速/(r/min)		轴孔直径 D(H7)/mm	轴孔长度 L/mm		D /mm	D_1 /mm	螺栓		L_0/mm	
		铁	钢		Y 型	J、J_1 型			数量	直径/mm	Y 型	J、J_1 型
YL3 YLD3	25	6400	10000	14	32	27	90	69	3 (3)	M8	68	58
				16,18,19	42	30					88	64
				20,22,(24)	52	38					108	80
				(25)	62	44	100	80			128	92
YL4 YLD4	40	5700	9500	18,19	42	30					88	64
				20,22,24	52	38					108	80
				25,(28)	62	44	105	85	4 (4)		128	92
YL5 YLD5	63	5500	9000	22,24	52	38					108	80
				25,28	62	44					128	92
				30,(32)	82	60					168	124

注：1. 括号内的轴孔直径仅适用于钢制联轴器；

2. 括号内的螺栓数量为铰制孔用螺栓数量。

13.3　弹性套柱销联轴器

表 13.3　弹性套柱销联轴器(GB 4323—84)　　mm

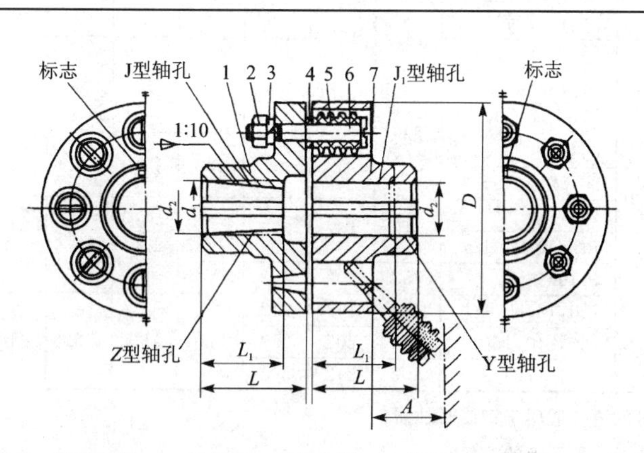

1、7—半联轴器；2—螺母；3—弹簧垫圈；4—挡圈；5—弹性套；6—柱销

标记示例：

主动端，Z 型轴孔，C 型键槽，d_z＝16 mm，L＝30 mm；从动端，J 型轴孔，B 型键槽，d_z＝18mm，L＝42mm。标记为：

TL3 型联轴器 $\frac{\text{ZC16}\times 30}{\text{JB18}\times 42}$　GB 4323—84。

续表 13.3

型号	公称扭矩/(N·m)	许用转速/(r/min) 铁	许用转速/(r/min) 钢	轴孔直径 d_1、d_2、d_z mm	轴孔长度 L/mm Y 型 L	轴孔长度 L/mm J、J_1、Z 型 L1	轴孔长度 L/mm J、J_1、Z 型 L	D mm	A mm	质量/kg	转动惯量 kg·m^2	许用补偿量 径向 ΔY/mm	许用补偿量 角向 Δα
TL1	6.3	6 600	8 800	9	20	14	—	71	18	1.16	0.000 4	0.2	1°30′
				10,11	25	17							
				12,(14)	32	20							
TL2	16	5 500	7 600	12,14			42	80		1.64	0.001		
				16,(18),(19)	42	30							
TL3	31.5	4 700	6 300	16,18,19				95	35	1.9	0.002		
				20,(22)	52	38	52						
TL4	63	4 200	5 700	20,22,24				106		2.3	0.004		
				(25),(28)	62	44	62						
TL5	125	3 600	4 600	25,28				130	45	8.36	0.011	0.3	1°
				30,32,(35)	82	60	82						
TL6	250	3 300	3 800	32,35,38				160		10.36	0.026		
				40,(42)	112	84	112						
TL7	500	2 800	3 600	40,42,45,(48)				190		15.6	0.06		
TL8	710	2 400	3 000	45,48,50,55,(56)				224	65	25.4	0.13	0.4	
				(60),(63)	142	107	142						
TL9	1 000	2 100	2 850	50,55,56	112	84	112	250		30.9	0.20		
				60,63,(65),(70),(71)	142	107	142						
TL10	2 000	1 700	2 300	63,65,70,71,75				315	80	65.9	0.64		
				80,85,(90),(95)	172	132	172	400	100	122.6	2.06	0.5	0°30′
TL11	4 000	1 350	1 800	80,85,90,95									
				100,110	212	167	212	475	130	218.4	5.00		
TL12	8 000	1 100	1 450	100,110,120,125									
				(130)	252	202	252						
TL13	16 000	800	1 150	120,125	212	167	212	600	180	425.8	16.00	0.6	
				130,140,150	252	202	252						
				160,(170)	302	242	302						

注：1. “ * ”栏内带括号的值仅适用于钢制联轴器；

2. 短时过载不得超过公称扭矩的 2 倍；

3. 轴孔型式及长度 L、L_1 可根据需要选取。

13.4 弹性柱销联轴器

表 13.4 弹性柱销联轴器(GB5014—85) mm

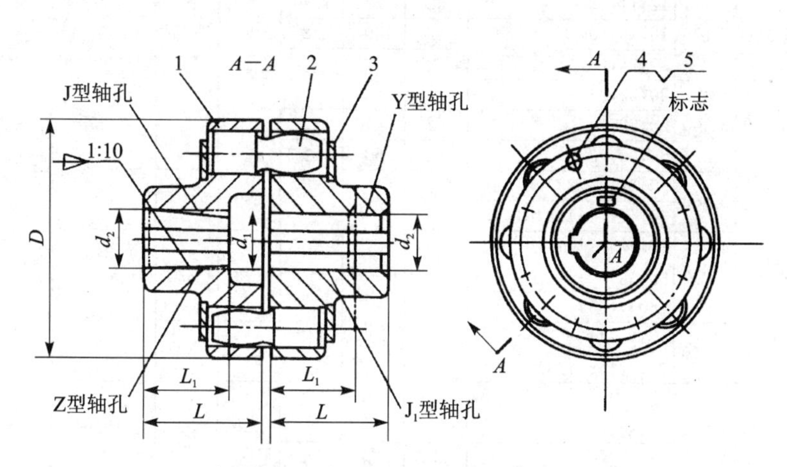

1—半联轴器;2—柱销;3—挡板;4—螺栓;5—垫圈

标记示例:

主动端,Z 型轴孔,C 型键槽,d_z=75 mm,L_1=107 mm;从动端,J 型轴孔,B 型键槽,d_z=70 mm,L_1=107mm。标记为:

HL7 型联轴器 $\frac{ZC75\times107}{JB70\times107}$ GB 5014—85

续表 13.4

型号	公称扭矩/(N·m)	许用转速/(r/min) 铁	许用转速/(r/min) 钢	轴孔直径 d_1、d_2、d_z mm	轴孔长度 L/mm Y型 L	轴孔长度 L/mm J、J_1、Z型 L1	轴孔长度 L/mm J、J_1、Z型 L	D mm	质量/kg	转动惯量/(kg·m²)	许用补偿量 径向 ΔY mm	许用补偿量 轴向 ΔX mm	许用补偿量 角向 Δα
HL1	160	7 100	7 100	12,14	32	27	32	90	2	0.006 4	0.15	±0.5	≤0°30′
				16,18,19	42	30	42						
				20,22,(24)	52	38	52						
HL2	315	5 600	5 600	20,22,24				120	5	0.253		±1	
				25,28	62	44	62						
				30,32,(35)	82	60	82						
HL3	630	5 000	5 000	30,32,35,38	112	84	112	160	8	0.6			
				40,42,(45),(48)									
HL4	1 250	2 800	4 000	40, 42, 45, 48, 50, 55,56	142	107	142	195	22	3.4		±1.5	
				(60),(63)									
HL5	2 000	2 500	3 550	50,55,56,60,63,65, 70,(71),(75)				220	30	5.4			
HL6	3 150	2 100	2 800	60, 63, 65, 70, 71, 75,80				280	53	15.6	0.20	±2	
				(85)	172	132	172						
HL7	6 300	1 700	2 240	70,71,75	142	107	142	320	98	41.1			
				80,85,90,95	172	132	172						
				100,(110)	212	167	212						
HL8	10 000	1 600	2 120	80, 85, 90, 95, 100, 110,(120),(125)				360	119	56.5			
HL9	16 000	1 250	1 800	100,110,120,125				410	197	133.3			
				130,(140)	252	202	252						
HL10	25 000	1 120	1 560	110,120,125	212	167	212	480	322	273.2	0.25	±2.5	
				130,140,150	252	202	252						
				160,(170),(180)	302	242	302						

注：1. 该联轴器最大型号为 HL14,详见 GB 5014—85；

2. 带制动轮的弹性柱销联轴器 HLL 型可参阅 GB 5014—85；

3. “*”栏内带括号的值仅适用于钢制联轴器；

4. 轴孔型式及长度 L、L_1 可根据需要选取。

第 14 章　电动机

14.1　常用 Y 系列异步电动机

Y 系列电动机为全封闭自扇冷式笼型三相异步电动机，是按国际电工委员会（IEC）标准设计的，具有国际互换性的特点。适用于空气中不含易燃、易爆或腐蚀性气体、无特殊要求的场合，如机械加工机床、风机、运输机、农业机械等，也可用于某些需要高起动转矩的机械上，如压缩机等。

表 14.1　Y 系列（IP44）电动机的技术数据

电动机型号	额定功率/kW	满载转速/(r/min)	堵转转矩/额定转矩	最大转矩/额定转矩	电动机型号	额定功率/kW	满载转速/(r/min)	堵转转矩/额定转矩	最大转矩/额定转矩
同步转速 3 000r/min 2 极					同步转速 1 500r/min 4 极				
Y801—2	0.75	2 825	2.2	2.2	Y801－4	0.55	1 390	2.2	2.2
Y802－2	1.1	2 825	2.2	2.2	Y802－4	0.75	1 390	2.2	2.2
Y90S－2	1.5	2 840	2.2	2.2	Y90S－4	1.1	1 400	2.2	2.2
Y90L－2	2.2	2 840	2.2	2.2	Y90L－4	1.5	1 400	2.2	2.2
Y100L－2	3	2 880	2.2	2.2	Y100L1－4	2.2	1 420	2.2	2.2
Y112M－2	4	2 890	2.2	2.2	Y100L2－4	3	1 420	2.2	2.2
Y132S1－2	5.5	2 900	2.0	2.2	Y112M－4	4	1 440	2.2	2.2
Y132S2－2	7.5	2 900	2.0	2.2	Y132S－4	5.5	1 440	2.2	2.2
Y160M1－2	11	2 930	2.0	2.2	Y132M－4	7.5	1 440	2.2	2.2
Y160M2－2	15	2 930	2.0	2.2	Y160M－4	11	1 460	2.2	2.2
Y160L－2	18.5	2 930	2.0	2.2	Y160L－4	15	1 460	2.2	2.2
Y180M－2	22	2 940	2.0	2.2	Y180M－4	18.5	1 470	2.0	2.2
Y200L1－2	30	2 950	2.0	2.2	Y180L－4	22	1 470	2.0	2.2
Y200L2－2	37	2 950	2.0	2.2	Y200L－4	30	1 470	2.0	2.2
Y225M－2	45	2 970	2.0	2.2	Y225S－4	37	1 480	1.9	2.2
Y250M－2	55	2 970	2.0	2.2	Y225M－4	45	1 480	1.9	2.2

续表 14.1

电动机型号	额定功率/kW	满载转速/(r/min)	堵转转矩/额定转矩	最大转矩/额定转矩	电动机型号	额定功率/kW	满载转速/(r/min)	堵转转矩/额定转矩	最大转矩/额定转矩
同步转速 1 000r/min 6 极					同步转速 1 500r/min 4 极				
Y90S-6	0.75	910	2.0	2.0	Y250M-4	55	1480	2.0	2.2
Y90L-6	1.1	910	2.0	2.0	Y280S-4	75	1480	1.9	2.2
Y100L-6	1.5	940	2.0	2.0	Y280M-4	90	1480	1.9	2.2
Y112M-6	2.2	940	2.0	2.0	同步转速 750r/min 8 极				
Y132S-6	3	960	2.0	2.0	Y132S-8	2.2	710	2.0	2.0
Y132M1-6	4	960	2.0	2.0	Y132M-8	3	710	2.0	2.0
Y132M2-6	5.5	960	2.0	2.0	Y160M1-8	4	720	2.0	2.0
Y160M-6	7.5	970	2.0	2.0	Y160M2-8	5.5	720	2.0	2.0
Y160L-6	11	970	2.0	2.0	Y160L-8	7.5	720	2.0	2.0
Y180L-6	15	970	1.8	2.0	Y180L-8	11	730	1.7	2.0
Y200L1-6	18.5	970	1.8	2.0	Y200L-8	15	730	1.8	2.0
Y200L2-6	22	970	1.8	2.0	Y225S-8	18.5	730	1.7	2.0
Y225M-6	30	980	1.7	2.0	Y225M-8	22	730	1.8	2.0
Y250M-6	37	980	1.8	2.0	Y250M-8	30	730	1.8	2.0
Y280S-6	45	980	1.8	2.0	Y280S-8	37	740	1.8	2.0
Y280M-6	55	980	1.8	2.0	Y280M-8	45	740	1.8	2.0

注：电动机型号含义：以 Y132M—4 为例，Y 表示系列代号，132 表示机座中心高，M 表示中机座铁心长度(S——短机座，L——长机座，1、2…——第一、第二种…)，4 为电动机的极数。

14.2 Y 系列电动机安装及外形尺寸

表 14.2 机座带底脚、端盖无凸缘(B3、B6、B8、V5、V6 型)电动机安装及外形尺寸

mm

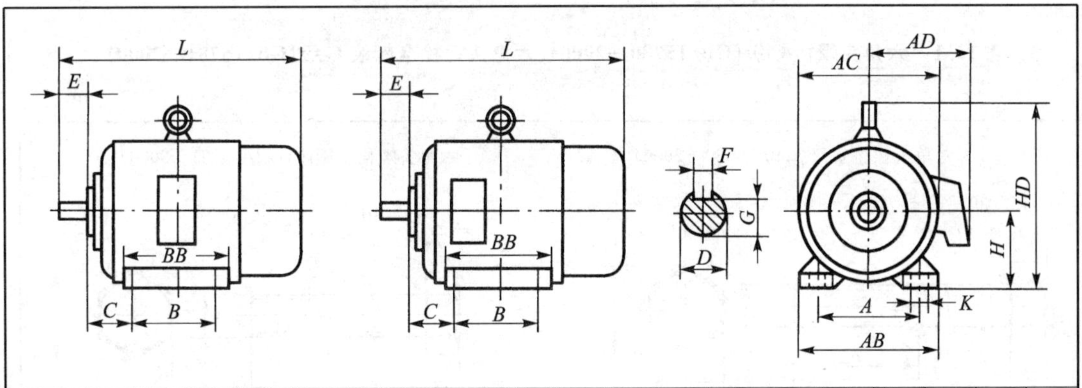

机座号	极数	A	B	C	D		E	F	G	H	K	AB	AC	AD	HD	BB	L
80	2、4	125	100	50	19	+0.009 −0.004	40	6	15.5	80	10	165	165	150	170	130	285
90S	2、4、6	140		56	24		50	8	20	90		180	175	155	190		310
90L			125													155	335
100L		160	140	63	28		60		24	100	12	205	205	180	345	170	380
112M		190		70						112		245	230	190	365	180	400
132S	2、4、6、8	216		89	38	+0.018 +0.002	80	10	33	132		280	270	210	315	200	475
132M			178													238	515
160M		254	210	108	42		110	12	37	160	15	330	325	255	385	270	600
160L			254													314	645
180M		279	241	121	48			14	42.5	180		355	360	285	430	311	670
180L			279													349	710
200L		318	305	133	55	+0.030 +0.011		16	49	200	19	395	400	310	475	379	775
225S	4、8	356	286	149	60		140	18	53	225		435	450	345	530	368	820

第 15 章　常用紧固件和联接件

15.1　螺栓、螺钉

表 15.1　六角头螺栓 C 级(GB/T5780—2000)、六角头螺栓全螺纹 C 级(GB/T5781—2000)

mm

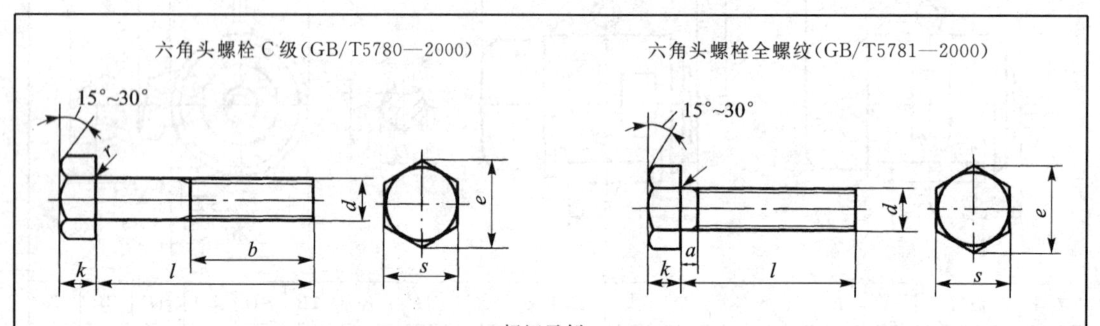

标记示例：

螺纹规格 d=M12、公称长度 l=80 mm、性能等级为 4.8 级、不经表面处理、C 级的六角头螺栓。标记为：

螺栓　M12×80　GB/T 5780—2000

螺纹规格 d		M5	M6	M8	M10	M12	M16	M20	M24	M30	M36
s(公称)		8	10	13	16	18	24	30	36	46	55
k(公称)		3.5	4	5.3	6.4	7.5	10	12.5	15	18.7	22.5
r(最小)		0.2	0.25			0.4	0.6		0.8	1	
e(最小)		8.6	10.9	14.2	17.6	19.9	26.2	33	39.6	50.9	60.8
a(最大)		2.4	3	4	4.5	5.3	6	7.5		10.5	12
b(参考)	l≤125	16	18	22	26	30	38	46	54	66	78
	125＜l≤200	—	—	28	32	36	44	52	60	72	84
	l＞200	—	—	—	—	—	57	65	73	85	97
l(公称) GB/T 5780—2000		25～50	30～60	40～80	45～100	55～120	65～160	80～200	100～240	120～300	140～360

续表 15.1

全螺纹长度 l GB/T 5781—2000		10～50	12～60	16～80	20～100	25～120	35～160	40～200	50～240	60～300	70～360
l 系列(公称)		10,12,16,20,25,30,35,40,45,50,55,60,65,70,80,90,100,110,120,130,140,150,160,180,200,220,240,260,280,300,320,340,360,380,100,420,440,460,480,500									
技术要求	GB/T 5780 螺纹公差:8g GB/T 5781 螺纹公差:8g	材料:钢		性能等级: d≤39、3.6、4.6、4.8 d>39、按协议			表面处理:不经处理,电镀,非电解锌粉覆盖			产品等级:C	

表 15.2　六角头螺栓(GB/T5782—2000)、六角头螺栓全螺纹(GB/T5783—2000)

mm

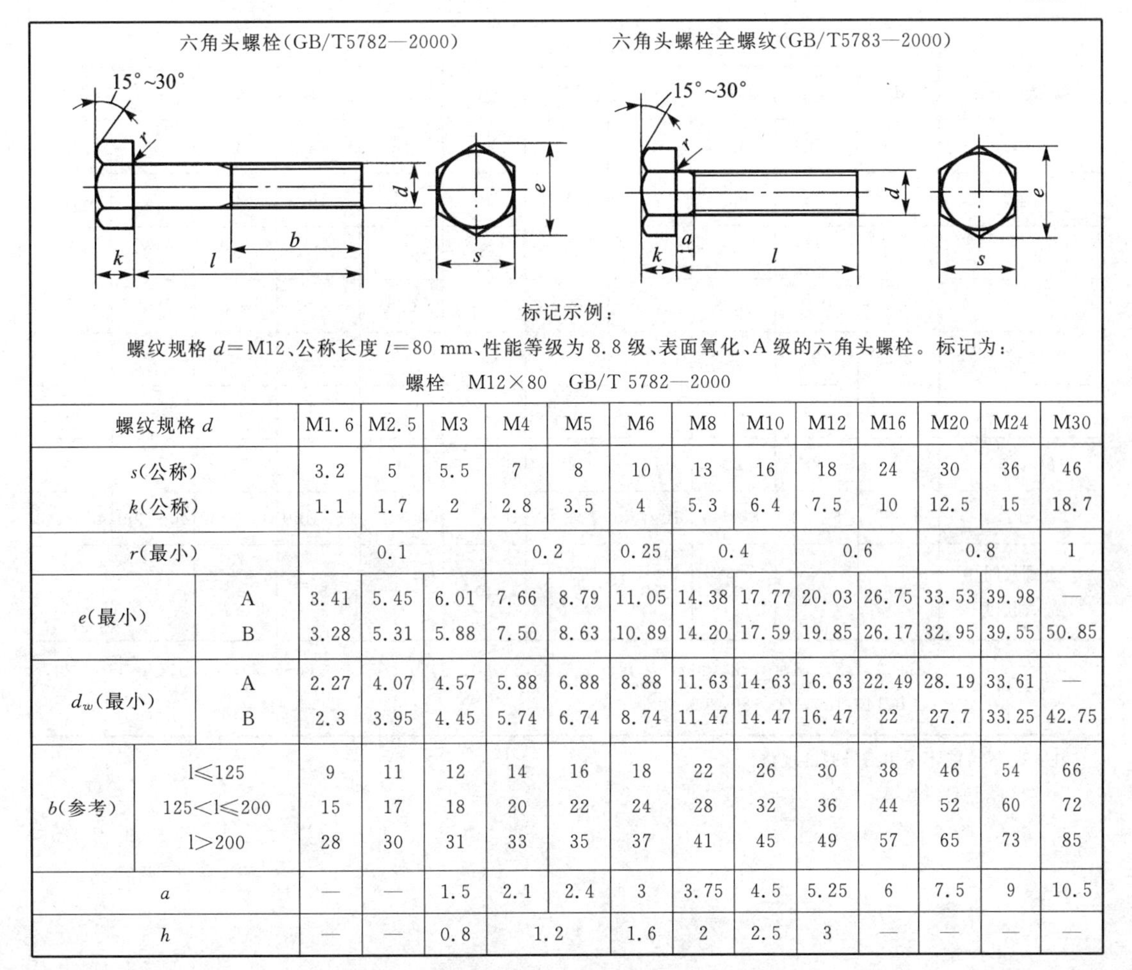

标记示例:

螺纹规格 d=M12、公称长度 l=80 mm、性能等级为 8.8 级、表面氧化、A 级的六角头螺栓。标记为:

螺栓　M12×80　GB/T 5782—2000

螺纹规格 d		M1.6	M2.5	M3	M4	M5	M6	M8	M10	M12	M16	M20	M24	M30
s(公称)		3.2	5	5.5	7	8	10	13	16	18	24	30	36	46
k(公称)		1.1	1.7	2	2.8	3.5	4	5.3	6.4	7.5	10	12.5	15	18.7
r(最小)		0.1			0.2		0.25	0.4		0.6		0.8		1
e(最小)	A	3.41	5.45	6.01	7.66	8.79	11.05	14.38	17.77	20.03	26.75	33.53	39.98	—
	B	3.28	5.31	5.88	7.50	8.63	10.89	14.20	17.59	19.85	26.17	32.95	39.55	50.85
d_w(最小)	A	2.27	4.07	4.57	5.88	6.88	8.88	11.63	14.63	16.63	22.49	28.19	33.61	—
	B	2.3	3.95	4.45	5.74	6.74	8.74	11.47	14.47	16.47	22	27.7	33.25	42.75
b(参考)	l≤125	9	11	12	14	16	18	22	26	30	38	46	54	66
	125<l≤200	15	17	18	20	22	24	28	32	36	44	52	60	72
	l>200	28	30	31	33	35	37	41	45	49	57	65	73	85
a		—	—	1.5	2.1	2.4	3	3.75	4.5	5.25	6	7.5	9	10.5
h		—	—	0.8	1.2		1.6	2	2.5	3	—	—	—	—

表 15.3 内六角圆柱头螺钉的基本规格(GB/T7001—2000)

mm

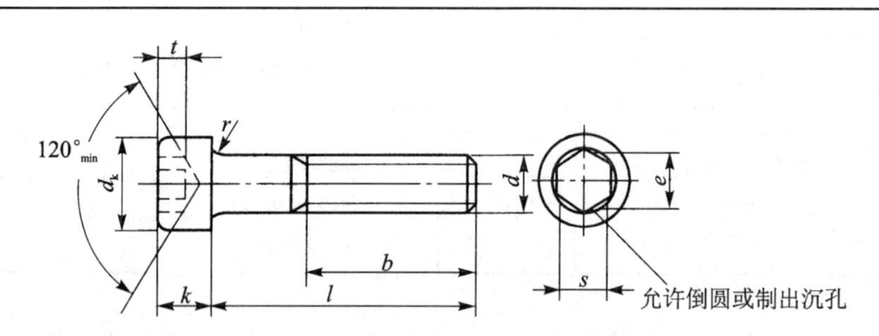

标记示例：

螺纹规格 d=M5,公称长度 l=20 mm,性能等级为 8.8 级,表面氧化的内六角圆柱头螺钉。标记为：

螺钉 M5×20 GB/T 7001—2000

螺纹规格 d	M3	M4	M5	M6	M8	M10	M12	M16	M20	M24	M30
d_k	5.5	7	8.5	10	13	16	18	24	30	36	45
k_{max}	3	4	5	6	8	10	12	16	20	24	30
t	1.3	2	2.5	3	4	5	6	8	10	12	15.5
r	0.1	0.2	0.2	0.25	0.4	0.4	0.6	0.6	0.8	0.8	1
s	2.5	3	4	5	6	8	10	14	17	19	22
e_{min}	2.9	3.4	4.6	5.7	6.9	9.2	11.4	16	19	21.7	25.2
b(参考)	18	20	22	24	28	32	36	44	52	60	72
l	5～30	6～40	8～50	10～60	12～80	16～100	20～120	25～160	30～200	40～200	45～260
全螺纹时最大长度	20	25	25	30	35	40	45	55	65	80	90
l 系列	2.5,3,4,5,6,8,10,12,(14),(16),20,25,30,35,40,45,50,(55),60,(65),70,80,90,100,110,120,130,140,150,160,180,200										

注：1. 尽可能不采用括号内的规格；

2. $e_{min}=1.14s_{min}$。

表 15.4　开槽锥端、平端、长圆柱端紧定螺钉的基本规格(GB71、73、75—85)

mm

开槽锥端紧定螺钉(GB 71—85)

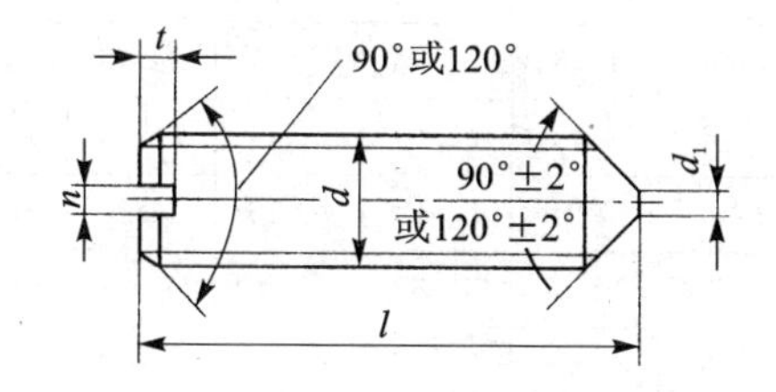

开槽平端紧定螺钉(GB 73—85)

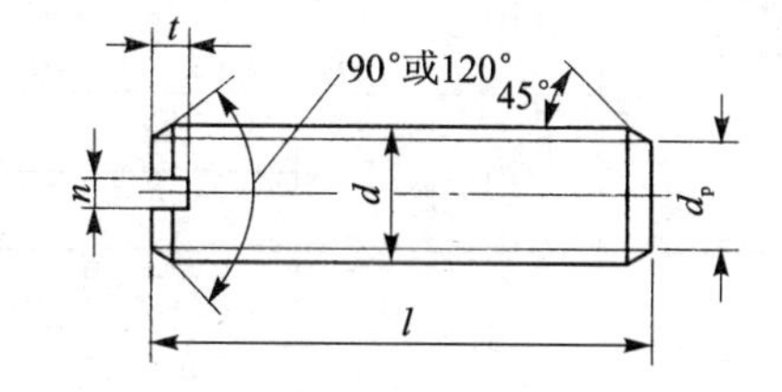

开槽长圆柱端紧定螺钉(GB 75—85)

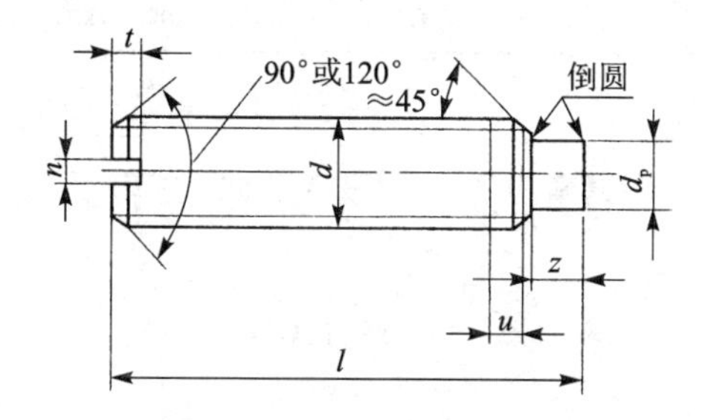

标记示例：

螺纹规格 d=M5,公称长度 l=12 mm,性能等级为 14H,表面氧化的开槽锥端坚定螺钉。标记为：

螺钉　M5×12—14H　GB 71—85

螺纹规格 d		M3	M4	M5	M6	M8	M10	M12
P	GB 71—85 GB 73—85 GB 75—85	0.5	0.7	0.8	1	1.25	1.5	1.75
d_1	GB 75—85	0.3	0.4	0.5	1.5	2	2.5	3
$d_{p\max}$	GB 73—85 GB 75—85	2	2.5	3.5	4	5.5	7	8.5
n公称	GB 71—85 GB 73—85 GB 75—85	0.4	0.6	0.8	1	1.2	1.6	2
$t_{\min}$	GB 71—85 GB 73—85 GB 75—85	0.8	1.12	1.28	1.6	2	2.4	2.8
$z_{\min}$	GB 75—85	1.5	2	2.5	3	4	5	6

续表 15.4

倒角和锥顶角	GB 71—85	120°	$l≤3$	$l≤4$	$l≤5$	$l≤6$	$l≤8$	$l≤10$	$l≤12$
		90°	$l≥4$	$l≥5$	$l≥6$	$l≥8$	$l≥10$	$l≥12$	$l≥14$
	GB 73—85	120°	$l≤3$	$l≤4$	$l≤5$	$l≤6$		$l≤8$	$l≤10$
		90°	$l≥4$	$l≥5$	$l≥6$	$l≥8$		$l≥10$	$l≥12$
	GB 75—85	120°	$l≤5$	$l≤6$	$l≤8$	$l≤10$	$l≤14$	$l≤16$	$l≤20$
		90°	$l≥6$	$l≥8$	$l≥10$	$l≥12$	$l≥16$	$l≥20$	$l≥25$
l 公称	商品规格范围	GB 71 - 85	4 - 16	6 - 20	8 - 25	8 - 30	10 - 40	12 - 50	14 - 60
		GB 73 - 85	3 - 16	4 - 20	5 - 25	6 - 30	8 - 40	10 - 50	12 - 60
		GB 75 — 85	5 - 16	6 - 20	8 - 25	8 - 30	10 - 40	12 - 50	14 - 60
	系列值	2,2.5,3,4,5,6,8,10,12,(14),16,20,25,30,35,40,45,50,(55),60							

15.2 吊环螺钉

表 15.5 吊环螺钉(GB825—88)

mm

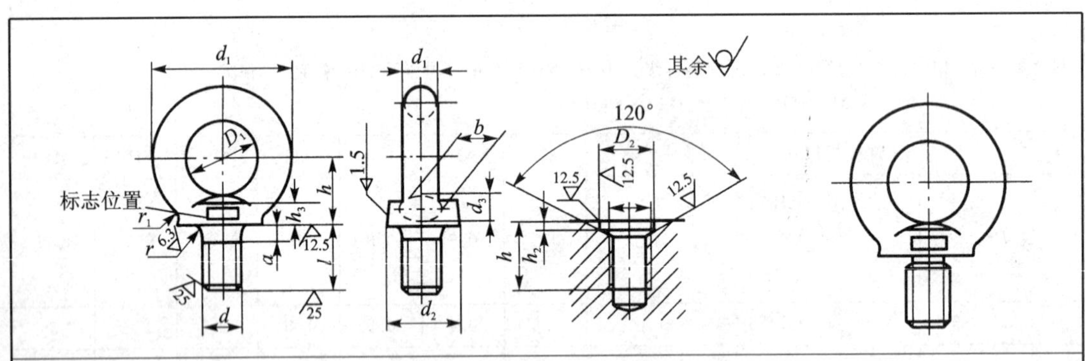

标记示例：

规格为 M20mm,材料为 20 钢,经正火处理,不经表面处理的 A 型吊环螺钉。标记为：

螺钉 M20 GB 825—88

规格 d	M8	M10	M12	M16	M20	M24	M30	M36
d_1	9.1	11.1	13.1	15.1	17.4	21.4	25.7	30.0
D_1(公称)	20	24	28	34	40	48	56	67
d_2(max)	21.1	25.1	29.1	35.2	41.4	49.4	57.7	69.0
h_3(max)	7.0	9.0	11.0	13.0	15.1	19.1	23.2	27.4
l(公称)	16	20	22	28	35	40	45	55

续表 15.5

d_t(参考)		36	44	52	62	72	88	104	123
h		18	22	26	31	36	44	53	63
r_2		4	4	6	6	8	12	15	18
r(min)		1	1	1	1	1	2	2	3
a_2(max)		3.75	4.50	5.25	6.00	7.50	9.00	10.50	12.00
a		2.0	3.0	3.5	4.0	5.0	6.0	7.0	8.0
b		10	12	14	16	19	24	28	32
D(max)		M8	M10	M12	M16	M20	M24	M30	M36
D_2(公称)		13.00	15.00	17.00	22.00	28.00	32.00	38.00	45.00
h_2(公称)		2.50	3.00	3.50	4.50	5.00	7.00	8.00	9.50
单螺钉起吊质量 t(max)		0.16	0.25	0.4	0.63	1	1.6	2.5	4
双螺钉起吊质量 t(max)	45°	0.08	0.125	0.2	0.32	0.5	0.8	1.25	2

注：表中起吊质量数值是指平稳起吊时的最大起吊量。

15.3　螺纹结构尺寸

1. 普通螺纹

表 15.6　普通螺纹的直径与螺距(GB193—81)

mm

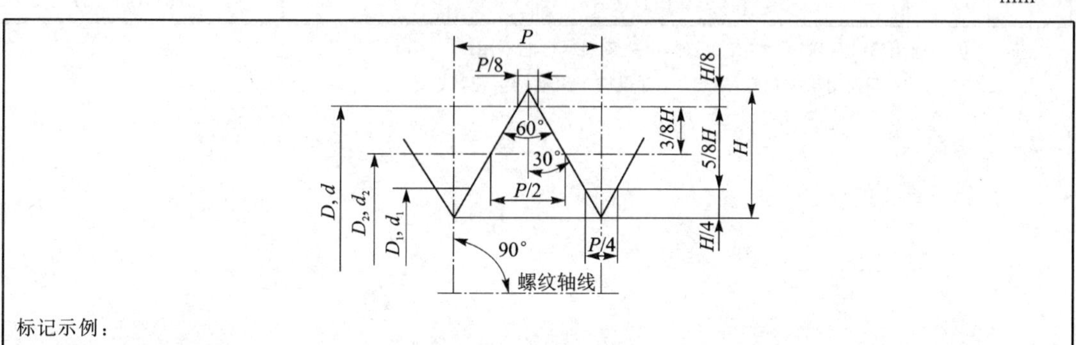

标记示例：

公称直径 10 mm、右旋、公差带代号为 6h、中等旋合长度的普通粗牙螺纹。标记为：M10—6h

续表 15.6

公称直径 d、D			螺距 P		公称直径 d、D			螺距 P	
第一系列	第二系列	第三系列	粗牙	细牙	第一系列	第二系列	第三系列	粗牙	细牙
3	—	—	0.5	0.35	—	—	28	—	2,1.5,1
	3.5	—	(0.6)		30	—	—	3.5	(3),2,1.5,(1),(0.75)
4	—	—	0.7	0.5	—	—	32	—	2,1.5
	4.5	—	(0.75)		—	33	—	3.5	(3),2,1.5,(1),(0.75)
5	—	—	0.8		—	—	35	—	(1.5)
—	—	5.5	—		36	—	—	4	3,2,1.5,(1)
6	—	7	1	0.75,(0.5)	—	—	38	—	1.5
8	—	—	1.25	1,0.75,(0.5)	—	39	—	4	3,2,1.5,(1)
—	—	9	(1.25)		—	—	40	—	(3),(2),1.5
10	—	—	1.5	1.25,1,0.75,(0.5)	42	45	—	4.5	(4),3,2,1.5,(1)
—	—	11	(1.5)	1,0.75,(0.5)	48	—	—	5	—
12	—	—	1.75	1.5,1.25,1,(0.75),(0.5)	—	—	50	—	(3),(2),1.5
—	14	—	2	1.5,(1.25),1,(0.75),(0.5)	—	52	—	5	(4),3,2,1.5,(1)
—	—	15	—	1.5,(1)	—	—	55	—	(4),(3),2,1.5
16	—	—	2	1.5,1,(0.75),(0.5)	56	—	—	5.5	4,3,2,1.5,(1)
—	—	17	—	1.5,(1)	—	—	58	—	(4),(3),2,1.5
20	18	—	2.5	2,1.5,1,(0.75),(0.5)	—	60	—	(5.5)	4,3,2,1.5,(1)
—	22			2,1.5,1,(0.75)	—	—	62	—	(4),(3),2,1.5
24	—	—	3	2,1.5,(1),(0.75)	64	—	—	6	4,3,2,1.5,(1)
—	—	25	—	2,1.5,(1)	—	—	65	—	(4),(3),2,1.5
—	—	26	—	1.5	—	68	—	6	4,3,2,1.5,(1)
—	27	—	3	2,1.5,1,(0.75)	—	—	70	—	(6),(4),(3),2,1.5

注：1. 优先选用第一系列，其次第二系列，第三系列尽可能不用；

2. M14×1.25 仅用于火花塞，M35×1.5 仅用于滚动轴承锁紧螺母。

2. 普通螺纹基本尺寸

表 15.7　普通螺纹的基本尺寸(GB196—81)

mm

$H=0.866P$　　　D_2——内螺纹中径

$d_2=d-0.6495P$　　　d_2——外螺纹中径

$d_1=d-1.0825P$　　　D_1——内螺纹小径

D——内螺纹大径　　　d_1——外螺纹小径

d——外螺纹大径　　　P——螺距

标记示例：

公称直径 20 mm、粗牙右旋内螺纹，中径和大径的公差带均为 6H。

标记为：M20—6H

公称直径 20 mm、粗牙右旋外螺纹，中径和大径的公差带均为 6g。标记为：M20—6g

上述规格的螺纹副。标记为：M20—6H/6g

公称直径 20 mm、螺距 2 的细牙左旋外螺纹，中径和大径的公差带均为 5g 、6g，短旋合长度。标记为：M20×2 左—5g 6g—S

公称直径 $D、d$ 第一系列	公称直径 $D、d$ 第二系列	螺距 P	中径 D_2, d_2	小径 D_1, d_1
3	—	0.5	2.675	2.459
		0.35	2.773	2.621
—	3.5	(0.6)	3.110	2.850
		0.35	3.273	3.121
4	—	0.7	3.545	3.242
		0.5	3.675	3.459
—	4.5	(0.75)	4.013	3.688
		0.5	4.175	3.959
5	—	0.8	4.480	4.134
		0.5	4.675	4.459
6	—	1	5.350	4.917
		0.75	5.513	5.188
8	—	1.25	7.188	6.647
		1	7.350	6.917
		0.75	7.513	7.188

公称直径 $D、d$ 第一系列	公称直径 $D、d$ 第二系列	螺距 P	中径 D_2, d_2	小径 D_1, d_1
10	—	1.5	9.026	8.376
		1.25	9.188	8.647
		1	9.350	8.917
		0.75	9.513	9.188
12	—	1.75	10.863	10.106
		1.5	11.026	10.376
		1.25	11.188	10.647
		1	11.350	10.917
—	14	2	12.701	11.835
		1.5	13.026	12.376
		1	13.350	12.917
16	—	2	14.701	13.835
		1.5	15.026	14.376
		1	15.350	14.917

公称直径 $D、d$ 第一系列	公称直径 $D、d$ 第二系列	螺距 P	中径 D_2, d_2	小径 D_1, d_1
—	18	2.5	16.376	15.294
		2	16.701	15.835
		1.5	17.026	16.376
		1	17.350	16.917
20	—	2.5	18.376	17.294
		2	18.701	17.835
		1.51	19.026	18.376
			19.350	18.917
—	22	2.5	20.376	19.294
		2	20.701	19.835
		1.5	21.026	20.376
		1	21.350	20.917
24	—	3	22.051	20.752
		2	22.701	21.835
		1.5	23.026	22.376
		1	23.350	22.917

续表 15.7

公称直径 D、d		螺距 P	中径 D_2,d_2	小径 D_1,d_1
第一系列	第二系列			
—	27	3	25.051	23.752
		2	25.701	24.835
		1.5	26.026	25.376
		1	26.350	25.917
30	—	3.5	27.727	26.211
		2	28.701	27.835
		1.5	29.026	28.376
		1	29.350	28.917
—	33	3.5	30.727	29.211
		2	31.701	30.835
		1.5	32.026	31.376
36	—	4	33.402	31.670
		3	34.051	32.752
		2	34.701	33.835
		1.5	35.026	34.376

公称直径 D、d		螺距 P	中径 D_2,d_2	小径 D_1,d_1
第一系列	第二系列			
—	39	4	36.402	34.670
		3	37.051	35.572
		2	37.701	36.835
		1.5	38.026	37.376
42	—	4.5	39.077	37.129
		3	40.051	38.752
		2	40.701	39.835
		1.5	41.026	40.376
—	45	4.5	42.077	40.129
		3	43.051	41.752
		2	43.701	42.835
		1.5	44.026	43.376

公称直径 D、d		螺距 P	中径 D_2,d_2	小径 D_1,d_1
第一系列	第二系列			
48	—	5	44.752	42.587
		3	46.051	44.752
		2	46.701	45.835
		1.5	47.026	46.376
—	52	5	48.752	46.587
		3	50.051	48.752
		2	50.701	49.835
		1.5	51.026	50.376
56	—	5.5	52.428	50.046
		4	53.402	51.670
		3	54.051	52.752
		2	54.701	53.835
		1.5	55.026	54.376

注：1. "螺距 P"栏中第一个数值为粗牙螺距，其余均为细牙螺距；

2. 优先选用第一系列，其次选用第二系列；

3. 括号内数值尽可能不用。

15.4　螺母与垫圈

1. 六角螺母 C 级、六角薄螺母无倒角

表 15.8　六角螺母 C 级(GB/T41—2000)、六角薄螺母无倒角(GB/T6174—2000)

mm

六角螺母 C 级(GB/T 41—2000)

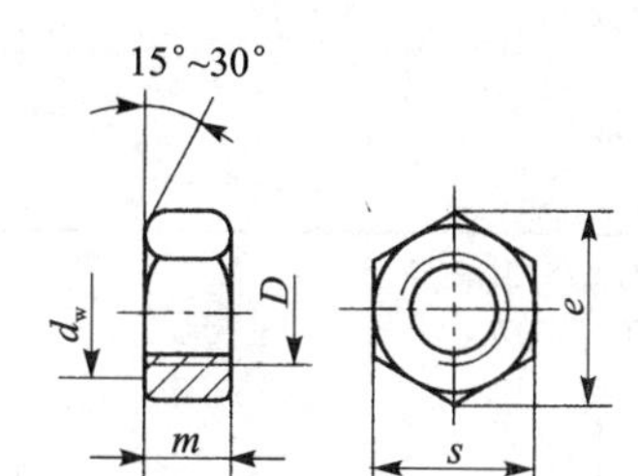

六角薄螺母无倒角(GB/T 6174—2000)

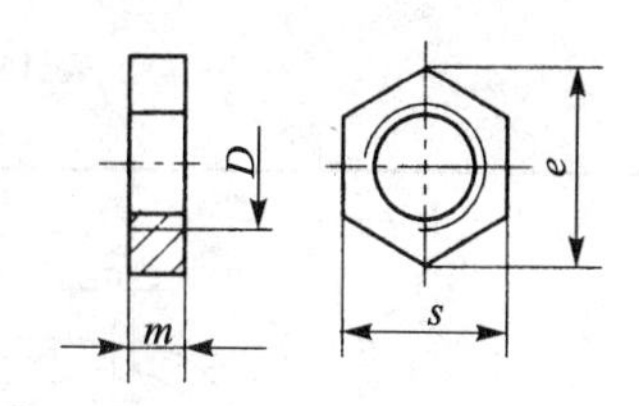

标记示例：

螺纹规格 D=M12、性能等级为 5 级、不经表面处理、产品等级为 C 级的六角螺母。标记为：

螺母 GB/T 41 M12

标记示例：

螺纹规格 D=M6、机械性能为 HV110、不经表面处理、B 级的六角薄螺母。标记为：

螺母 GB/T 6174 M6

Ⅰ型六角螺母(GB/T 6170—2000)

六角薄螺母(GB/T 6172.1—2000)

标记示例：

螺纹规格 D=M12、性能等级为 10 级、不经表面处理、A 级的Ⅰ型六角螺母。标记为：

螺母 GB/T 6170　M12

螺纹规格 D=M12、性能等级为 04 级、不经表面处理、A 级的六角薄螺母。标记为：

螺母 GB/T 6172.1　M12

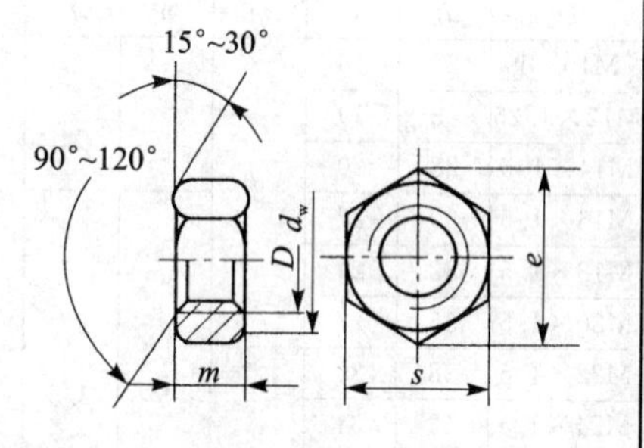

螺纹规格 D		M3	M4	M5	M6	M8	M10	M12	M16	M20	M24	M30	M36
e(最小)	①	5.9	6.4	7.5	8.6	14.2	17.6	19.9	22.8	33	39.6	50.9	60.8
	②	6	6.6	7.7	8.8	14.4	17.8	20	23.4	33	39.6	50.9	60.8
s(公称)		5.5	7	8	10	13	16	18	24	30	36	46	55

续表 15.8

d_w(最小) ①		—	—	6.7	8.7	11.5	14.5	16.5	22	27.7	33.3	42.8	51.1
②		4.6	5.9	6.9	8.9	11.6	14.6	16.6	22.5	27.7	33.3	42.8	51.1
m (最大)	GB/T 6170	2.4	3.2	4.7	5.2	6.8	8.4	10.8	14.8	18	21.5	25.6	31
	GB/T 6172.1	—	—	—	—	—	—	—	—	—	—	—	—
	GB/T 6174	1.8	2.2	2.7	3.2	4	5	6	8	10	12	15	18
	GB/T 41	—	—	5.6	6.4	7.9	9.5	12.2	15.9	19	22.3	26.4	31.9

表中①为 GB/T 41 及 GB/T 6174 的尺寸;②为 GB/T 6172.1 的尺寸。

注:1. A级用于 $D\leqslant 16$ mm,B级用于 $D>16$ mm 的螺母;

2. GB/T 41 的螺纹规格为 M5—M60;GB/T 6174 的螺纹规格为 M1.6—M10。

2. 圆螺母

表 15.9　圆螺母(GB812—88)

mm

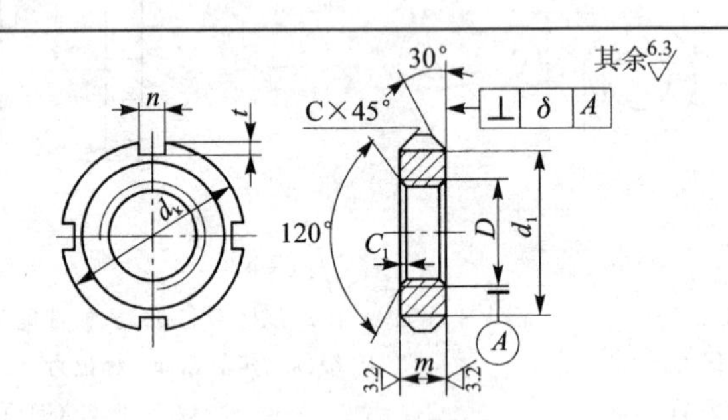

标记示例:

螺纹规格 D=M16×1.5、材料为45钢、槽或全部热处理后硬度35—45HRC、表面氧化的圆螺母。标记为:

螺母　GB812　M16×1.5

<table>
<tr><th>D</th><th>dk</th><th>d1</th><th>m</th><th>n</th><th>t</th><th>c</th><th>c1</th><th>D</th><th>dk</th><th>d1</th><th>m</th><th>n</th><th>t</th><th>c</th><th>c1</th></tr>
<tr><td>M10×1</td><td>22</td><td>16</td><td rowspan="6">8</td><td rowspan="3">4</td><td rowspan="3">2</td><td rowspan="7">0.5</td><td rowspan="12">0.5</td><td>M35×1.5*</td><td>52</td><td>43</td><td rowspan="6">10</td><td rowspan="6">6</td><td rowspan="6">3</td><td rowspan="2">1</td><td rowspan="10"></td></tr>
<tr><td>M12×1.25</td><td>25</td><td>19</td><td>M36×1.5</td><td>55</td><td>46</td></tr>
<tr><td>M14×1.5</td><td>28</td><td>20</td><td>M39×1.5</td><td>58</td><td>49</td><td rowspan="10">1.5</td></tr>
<tr><td>M16×1.5</td><td>30</td><td>22</td><td rowspan="8">5</td><td rowspan="8">2.5</td><td>M40×1.5*</td><td>58</td><td>49</td></tr>
<tr><td>M18×1.5</td><td>32</td><td>24</td><td>M42×1.5</td><td>62</td><td>53</td></tr>
<tr><td>M20×1.5</td><td>35</td><td>27</td><td>M45×1.5</td><td>68</td><td>59</td></tr>
<tr><td>M22×1.5</td><td>38</td><td>30</td><td rowspan="6">10</td><td>M48×1.5</td><td>72</td><td>61</td><td rowspan="6">12</td><td rowspan="6">8</td><td rowspan="6">3.5</td></tr>
<tr><td>M24×1.5</td><td>42</td><td>34</td><td rowspan="5">1</td><td>M50×1.5*</td><td>72</td><td>61</td></tr>
<tr><td>M25×1.5*</td><td>42</td><td>34</td><td>M52×1.5</td><td>78</td><td>67</td></tr>
<tr><td>M27×1.5</td><td>45</td><td>37</td><td>M55×2*</td><td>78</td><td>67</td></tr>
<tr><td>M30×1.5</td><td>48</td><td>40</td><td>M56×2</td><td>85</td><td>74</td><td rowspan="2">1</td></tr>
<tr><td>M33×1.5</td><td>52</td><td>43</td><td>6</td><td>3</td><td>M60×2</td><td>90</td><td>79</td></tr>
</table>

注:1. 槽数 n:当 $D\leqslant$M100×2 时,$n=4$;当 $D>$M105×2 时,$n=6$;

2. 标记有*者仅为滚动轴承锁紧装置;

3. 平垫圈的基本规格。

表 15.10　平垫圈的基本规格(GB848、97.1、97.2、95—85)

mm

小垫圈(GB 848—85)

平垫圈(GB 97.1—85)

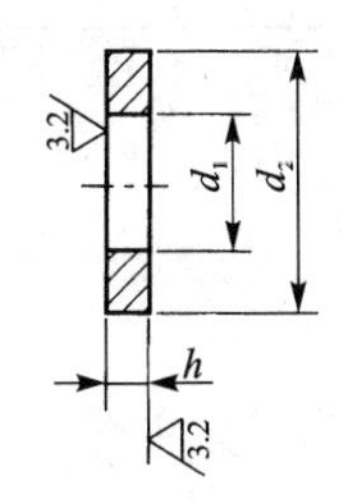

平垫圈—倒角型(GB97.2—85)

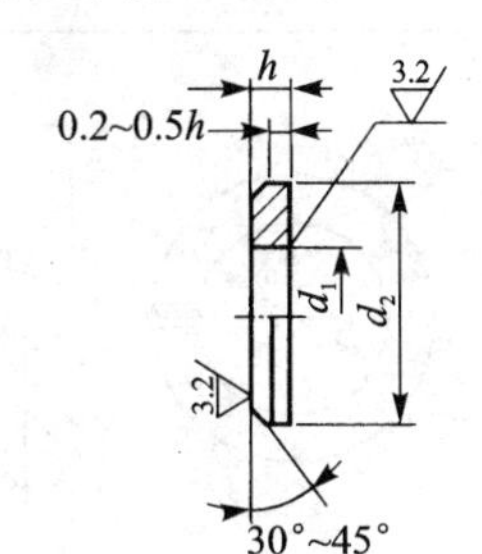

平垫圈—C 级(GB95—85)

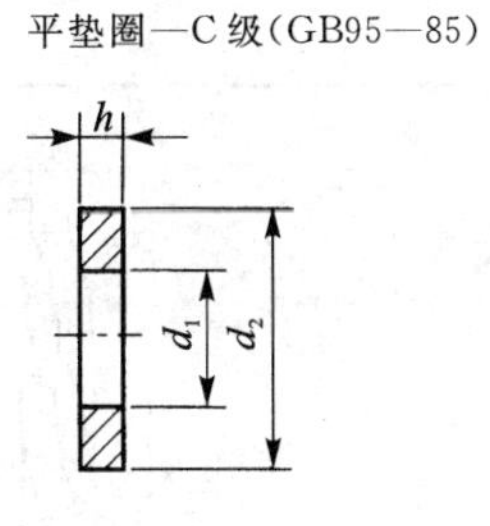

标记示例：

标准系列，公称尺寸 d=8 mm、性能等级为 140HV 级、不经表面处理的平垫圈。标记为：

垫圈　GB 97.1　8—140HV

<table>
<tr><th colspan="2">公称尺寸(螺纹规格)
d</th><th>4</th><th>5</th><th>6</th><th>8</th><th>10</th><th>12</th><th>14</th><th>16</th><th>20</th><th>24</th><th>30</th><th>36</th></tr>
<tr><td rowspan="4">d_1
公称(最小)</td><td>GB 848—85</td><td rowspan="3">4.3</td><td rowspan="4">5.3</td><td rowspan="4">6.4</td><td rowspan="4">8.4</td><td rowspan="4">10.5</td><td rowspan="4">13</td><td rowspan="4">15</td><td rowspan="4">17</td><td rowspan="4">21</td><td rowspan="4">25</td><td rowspan="4">31</td><td rowspan="4">37</td></tr>
<tr><td>GB 97.1—85</td></tr>
<tr><td>GB 97.2—85</td></tr>
<tr><td>GB/T 95—95</td><td>—</td></tr>
<tr><td rowspan="4">d_2
公称(最大)</td><td>GB 848—85</td><td>8</td><td>9</td><td>11</td><td>15</td><td>18</td><td>20</td><td>24</td><td>28</td><td>34</td><td>39</td><td>50</td><td>60</td></tr>
<tr><td>GB 97.1—85</td><td>9</td><td rowspan="3">10</td><td rowspan="3">12</td><td rowspan="3">16</td><td rowspan="3">20</td><td rowspan="3">24</td><td rowspan="3">28</td><td rowspan="3">30</td><td rowspan="3">37</td><td rowspan="3">44</td><td rowspan="3">56</td><td rowspan="3">66</td></tr>
<tr><td>GB 97.2—85</td><td rowspan="2">—</td></tr>
<tr><td>GB/T 95—95</td></tr>
<tr><td rowspan="4">h
公称</td><td>GB 848—85</td><td>0.5</td><td rowspan="4">1</td><td colspan="3">1.6</td><td>2</td><td colspan="2">2.5</td><td>3</td><td colspan="2" rowspan="4">4</td><td rowspan="4">5</td></tr>
<tr><td>GB 97.1—85</td><td>0.8</td><td colspan="2" rowspan="3">1.6</td><td rowspan="3">2</td><td colspan="2" rowspan="3">2.5</td><td colspan="2" rowspan="3">3</td></tr>
<tr><td>GB 97.2—85</td><td rowspan="2">—</td></tr>
<tr><td>GB/T 95—95</td></tr>
</table>

4. 弹簧垫圈的基本规格

表 15.11　弹簧垫圈的基本规格(GB 93—87)

mm

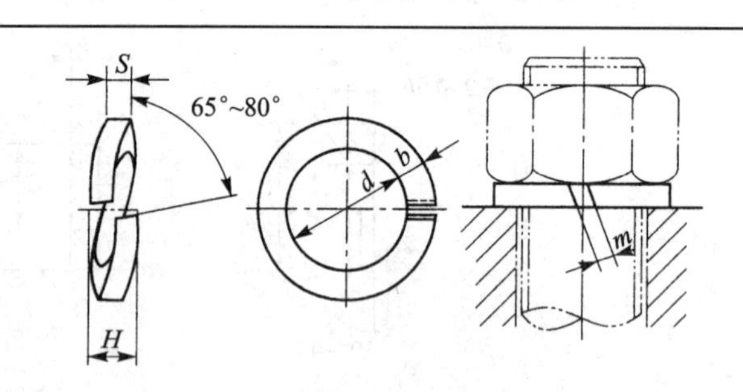

标记示例：

规格 16 mm、材料为 65Mn、表面氧化处理的标准型弹簧垫圈。标记为：垫圈　GB 93—87　16

规格 (螺纹大径)	d (最小)	$S=b$ 公称	H (最大)	$m \leqslant$	规格 (螺纹大径)	d (最小)	$S=b$ 公称	H (最大)	$m \leqslant$
5	5.1	1.3	3.25	0.65	16	16.2	4.1	10.25	2.05
6	6.1	1.6	4	0.8	(18)	18.2	4.5	11.25	2.25
8	8.1	2.1	5.25	1.05	20	20.2	5	12.5	2.5
10	10.2	2.6	6.5	1.3	(22)	22.5	5.5	13.75	2.75
12	12.2	3.1	7.75	1.55	24	24.5	6	15	3
(14)	14.2	3.6	9	1.8	30	30.5	7.5	18.75	3.75

5. 圆螺母用止动垫圈

表 15.12　圆螺母用止动垫圈(GB858—88)

mm

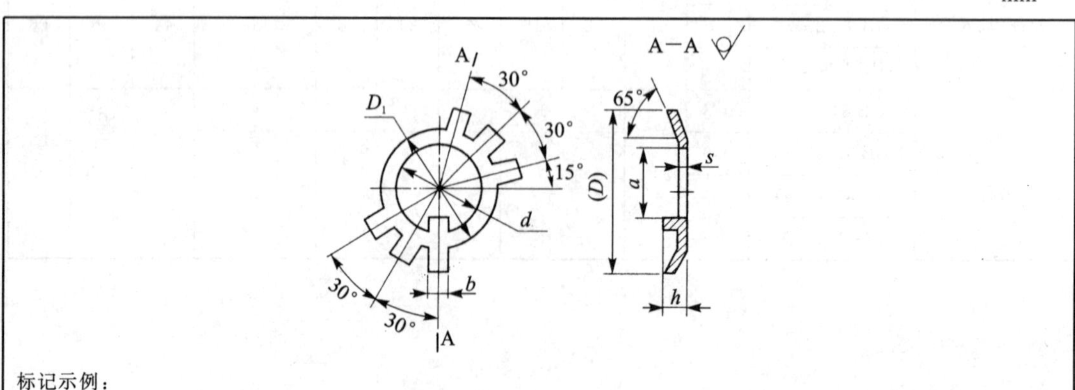

标记示例：

规格 16 mm、材料为 Q1235、经退火表面氧化的圆螺母用止动垫圈。标记为：垫圈　GB 858—88　16

续表 15.12

<table>
<tr><th rowspan="2">规格
（螺纹大径）</th><th rowspan="2">d</th><th rowspan="2">(D)</th><th rowspan="2">D_1</th><th rowspan="2">s</th><th rowspan="2">b</th><th rowspan="2">a</th><th rowspan="2">h</th><th colspan="2">轴端</th></tr>
<tr><th>b_1</th><th>t</th></tr>
<tr><td>14</td><td>14.5</td><td>32</td><td>20</td><td rowspan="9">1</td><td>3.8</td><td>11</td><td rowspan="2">3</td><td>4</td><td>10</td></tr>
<tr><td>16</td><td>16.5</td><td>34</td><td>22</td><td rowspan="8">4.8</td><td>12</td><td rowspan="8">5</td><td>12</td></tr>
<tr><td>18</td><td>18.5</td><td>35</td><td>24</td><td>15</td><td rowspan="5">4</td><td>14</td></tr>
<tr><td>20</td><td>20.5</td><td>38</td><td>27</td><td>17</td><td>15</td></tr>
<tr><td>22</td><td>22.5</td><td>42</td><td>30</td><td>19</td><td>18</td></tr>
<tr><td>24</td><td>24.5</td><td>45</td><td>34</td><td>21</td><td>20</td></tr>
<tr><td>25 *</td><td>25.5</td><td>45</td><td>34</td><td>22</td><td>—</td></tr>
<tr><td>27</td><td>27.5</td><td>48</td><td>37</td><td>24</td><td rowspan="11">5</td><td>23</td></tr>
<tr><td>30</td><td>30.5</td><td>52</td><td>40</td><td>27</td><td>26</td></tr>
<tr><td>33</td><td>33.5</td><td>56</td><td>43</td><td rowspan="13">1.5</td><td rowspan="7">5.7</td><td>30</td><td rowspan="7">6</td><td>29</td></tr>
<tr><td>35 *</td><td>35.5</td><td>56</td><td>43</td><td>32</td><td>—</td></tr>
<tr><td>36</td><td>36.5</td><td>60</td><td>46</td><td>33</td><td>32</td></tr>
<tr><td>39</td><td>39.5</td><td>62</td><td>49</td><td>36</td><td>35</td></tr>
<tr><td>40 *</td><td>40.5</td><td>62</td><td>49</td><td>37</td><td>—</td></tr>
<tr><td>42</td><td>42.5</td><td>66</td><td>53</td><td>39</td><td>38</td></tr>
<tr><td>45</td><td>45.5</td><td>72</td><td>59</td><td>42</td><td>41</td></tr>
<tr><td>48</td><td>48.5</td><td>76</td><td>61</td><td rowspan="6">7.7</td><td>45</td><td rowspan="6">8</td><td>44</td></tr>
<tr><td>50 *</td><td>50.5</td><td>76</td><td>61</td><td>47</td><td>—</td></tr>
<tr><td>52</td><td>52.5</td><td>82</td><td>67</td><td>49</td><td rowspan="4">6</td><td>48</td></tr>
<tr><td>55 *</td><td>56</td><td>82</td><td>67</td><td>52</td><td>—</td></tr>
<tr><td>56</td><td>57</td><td>90</td><td>74</td><td>53</td><td>52</td></tr>
<tr><td>60</td><td>61</td><td>94</td><td>79</td><td>57</td><td>56</td></tr>
</table>

注：标记有 * 仅用于滚动轴承锁紧装置。

6. 紧固件通孔及沉头座孔尺寸

表 15.13 紧固件通孔及沉头座孔尺寸 mm

螺栓或螺钉直径		4	5	6	8	10	12	16	18	20	24	30
螺栓、螺柱和螺钉用通孔直径 d_1 GB 5277—85	精装配	4.3	5.3	6.4	8.4	10.5	13	17	19	21	25	31
	中等装配	4.5	5.5	6.6	9	11	13.5	17.5	20	22	26	33
	粗装配	4.8	5.8	7	10	12	14.5	18.5	21	24	28	35
六角螺栓六角螺母用沉孔 GB 152.4—88 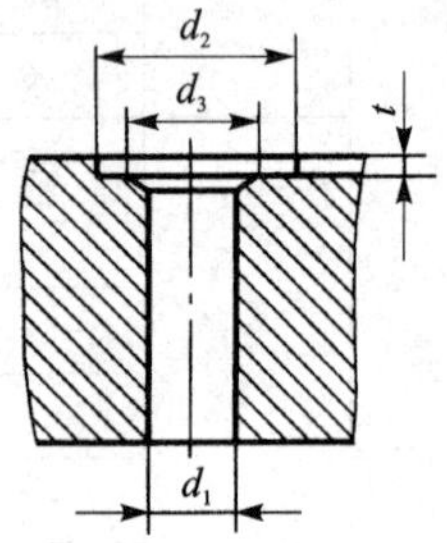	d_2	10	11	13	18	22	26	33	36	40	48	61
	d_3	—	—	—	—	—	16	20	22	24	28	36
内六角圆柱头螺钉用沉孔 GB 152.3—88 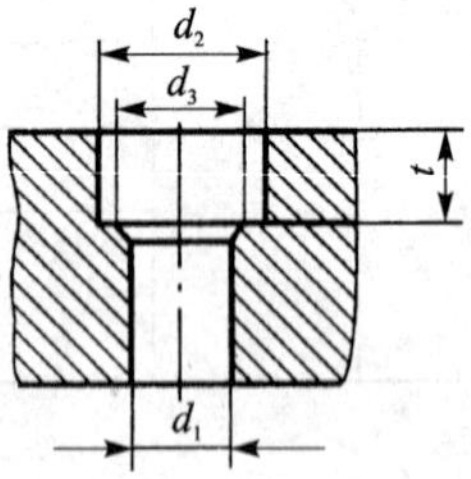	d_2	8.0	10	11	15	18	20	26	—	33	40	48
	t	4.6	5.7	6.8	9.0	11	13	17.5	—	21.5	25.2	32
	d_3	—	—	—	—	—	16	20	—	24	28	36

注：1. 六角螺栓和六角螺母用沉孔尺寸 d_1 的公差带为 H15;尺寸 t 只要能绘出与通孔轴线垂直的圆平面即可；

2. 内六角圆柱头螺钉用沉孔尺寸 d_1、d_2 和 t 的公差带均为 H13。

15.5　销

1. 圆柱销

表 15.14　圆柱销(GB/T119.1—2000、GB/T119.2—2000)

mm

圆柱销　不淬硬钢和奥氏体不锈钢
(GB/T119.1—2000)

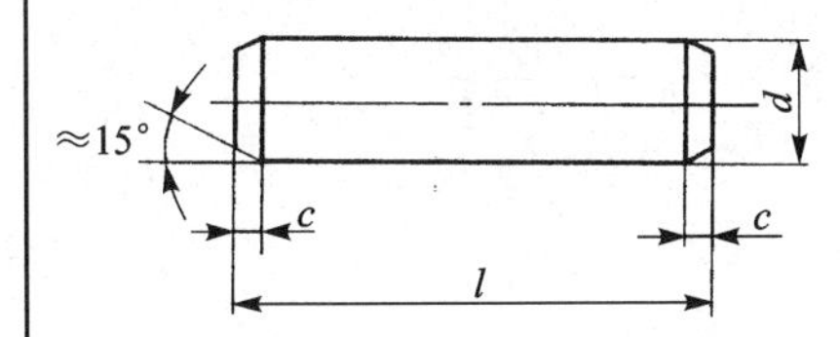

标记示例：
公称直径 6 mm、公差 m6、公称长度 30 mm、材料为钢、不经淬火不经表面处理的圆柱销。标记为：
销　GB/T 119.1—2000　6m6×30

公称直径 6 mm、公差 m6、公称长度 30 mm、材料为 A1 组奥氏体不锈钢、表面简单处理的圆柱销。标记为：
销 GB/T 119.1—2000　6m6×30—A1

圆柱销　淬硬钢和马氏体不锈钢
(GB/T119.2—2000)

末端形状，由制造者确定

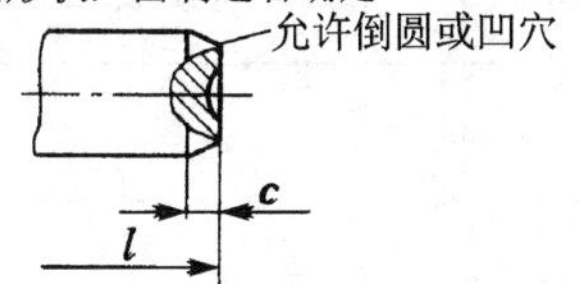

标记示例：
公称直径 6 mm、公差 m6、公称长度 30 mm、材料为钢、普通淬火、表面氧化处理的圆柱销。标记为：
销　GB/T 119.2—2000 6×30

公称直径 6 mm、公差 m6、公称长度 30 mm、材料为 C1 组马氏体不锈钢、表面简单处理的圆柱销。标记为：
销　GB/T 119.2—2000 6×30—C1

d m6/h8		0.6	0.8	1	1.2	1.5	2	2.5	3	4	5	6	8	10	12	16	20	25	30	40	50
c		0.1	0.1	0.2	0.2	0.3	0.3	0.4	0.5	0.6	0.8	1.2	1.6	2	2.5	3	3.5	4	5	6.3	8
商品规格 l		2—6	2—8	4—10	4—12	4—16	6—20	6—24	8—30	8—40	10—50	12—60	14—80	18—95	22—140	26—180	35—200	50—200	60—200	80—200	95—200
l 系列		2、3、4、5、6、8、10、12、14、16、18、20、22、24、26、28、30、32、35、40、45、50、55、60、65、70、75、80、85、90、95、100、120、140、160、180、200																			
技术要求	材料	GB/T119.1 钢：奥氏体不锈钢 A1；　GB/T119.2 钢：马氏体不锈钢 C1，A 型，普通淬火；B 型，表面淬火																			
	表面粗糙度	GB/T 119.1　公差 m6：$Ra \leqslant 0.8\ \mu m$；　h8：$Ra \leqslant 1.6\ \mu m$；　GB/T 119.2　$Ra \leqslant 0.8\ \mu m$																			
	表面处理	1）钢：不经处理；氧化；磷化；镀锌钝化。　2）不锈钢：简单处理。　3）其他表面镀层或表面处理，应由供需双方协议。　4）所有公差仅适用于涂、镀前的公差																			

注：1. d 的其他公差由供需双方协议；
2. GB/T 119.2　d 的尺寸范围为 1～20 mm；
3. 公称长度大于 200 mm(GB/T119.1)，大于 100mm(GB/T119.2)，按 20 mm 递增。

2. 圆锥销

表 15.15　圆锥销(GB/T117—2000)

mm

A 型(磨削)：锥面表面粗糙度值 $Ra=0.8\ \mu m$
B 型(切削或冷镦)：锥面表面粗糙度值 $Ra=3.2\ \mu m$

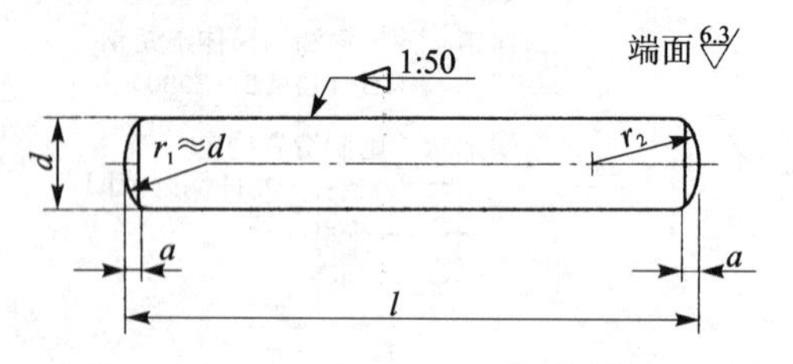

$$r_2=\frac{a}{2}+d+\frac{(0.02l)^2}{8a}$$

标记示例

公称直径 6mm、公称长度 30mm、材料为 35 钢、热处理硬度 28—38HRC、表面氧化处理 A 型圆锥销。标记为：

销　GB/T117—2000　6×30

d h10	0.6	0.8	1	1.2	1.5	2	2.5	3	4	5	6	8	10	12	16	20	25	30	40	50
a	0.08	0.1	0.12	0.16	0.2	0.25	0.3	0.4	0.5	0.63	0.8	1	1.2	1.6	2	2.5	3	4	5	6.3
规格 l	4～8	5～12	6～16	6～20	8～24	10～35	10～35	12～45	14～55	18～60	22～90	22～120	26～160	32～180	40～200	45～200	50～200	55～200	60～200	65～200

l 系列		2、3、4、5、6、8、10、12、14、16、18、20、22、24、26、28、30、32、35、40、45、50、55、60、65、70、75、80、85、90、95、100、120、140、160、180、200
技术条件	材料	易切钢：Y12、Y15；碳素钢：35、45；合金钢：30CrMnSiA；不锈钢：1Cr13、2Cr13、Cr17Ni2、0Cr18Ni9Ti
	表面处理	1）钢：不经处理；氧化；磷化；镀锌钝化。2）不锈钢：简单处理。3）其他表面镀层或表面处理，由供需双方协议。4）所有公差仅适用于涂、镀前的公差

注：1. d 的其他公差，如 a11、c11、f8 由供需双方协议；
　　2. 公称长度大于 200 mm，按 20 mm 递增。

15.6　键

1. 普通平键

表 15.16　普通平键的基本规格(GB1095、1096—79)

mm

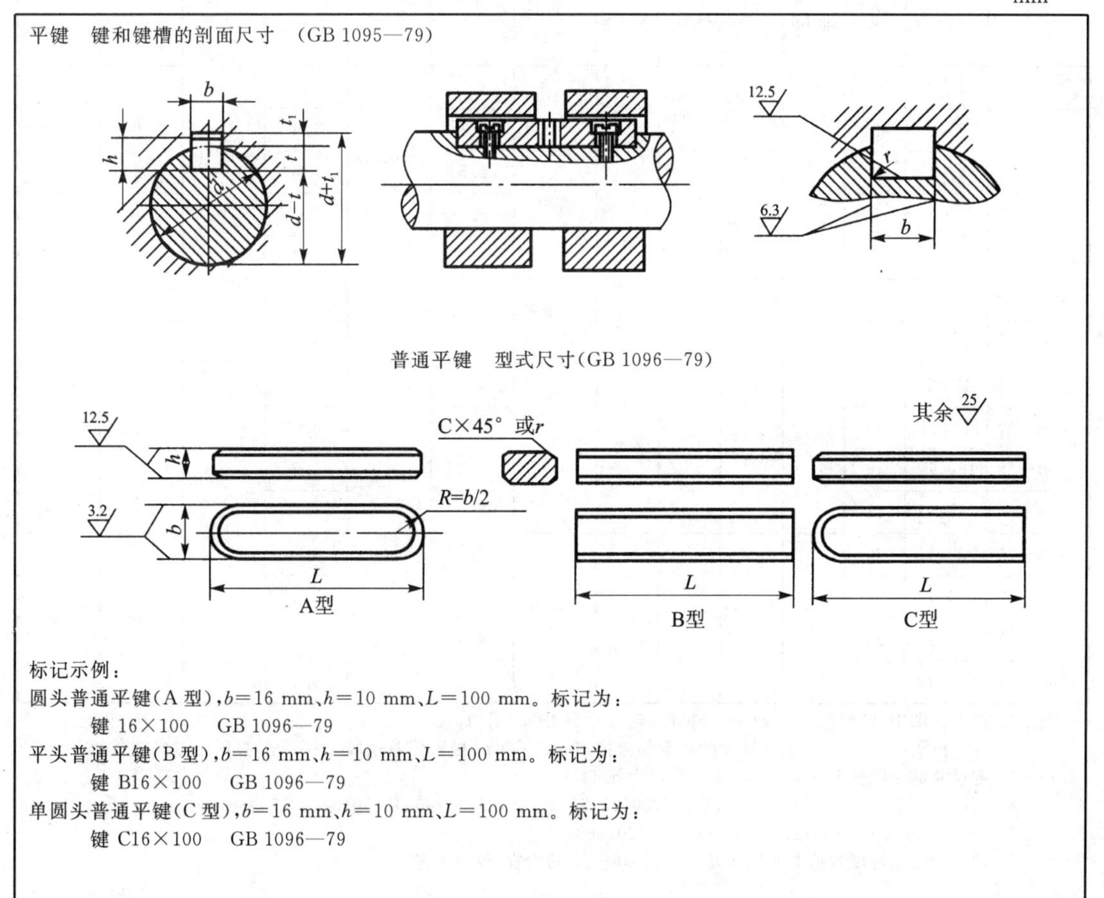

标记示例：

圆头普通平键(A 型)，b=16 mm、h=10 mm、L=100 mm。标记为：

键 16×100　GB 1096—79

平头普通平键(B 型)，b=16 mm、h=10 mm、L=100 mm。标记为：

键 B16×100　GB 1096—79

单圆头普通平键(C 型)，b=16 mm、h=10 mm、L=100 mm。标记为：

键 C16×100　GB 1096—79

续表 15.16

<table>
<tr><td>轴</td><td>键</td><td colspan="12">键槽</td></tr>
<tr><td rowspan="4">公称
直径
d</td><td rowspan="4">公称
尺寸
$b \times h$</td><td colspan="6">宽度 b</td><td colspan="4">深度</td><td colspan="2" rowspan="2">半径 r</td></tr>
<tr><td colspan="6">极限偏差</td><td colspan="2">轴 t</td><td colspan="2">毂 t_1</td></tr>
<tr><td rowspan="2">公称
尺寸
b</td><td colspan="2">较松键连接</td><td colspan="2">一般键连接</td><td>较紧
键连接</td><td rowspan="2">公称
尺寸</td><td rowspan="2">极限
偏差</td><td rowspan="2">公称
尺寸</td><td rowspan="2">极限
偏差</td><td rowspan="2">最小</td><td rowspan="2">最大</td></tr>
<tr><td>轴 h9</td><td>毂
D10</td><td>轴 n9</td><td>毂 J_s9</td><td>轴和毂
P9</td></tr>
<tr><td>6～8</td><td>2×2</td><td>2</td><td rowspan="2">+0.025
0</td><td rowspan="2">+0.060
+0.020</td><td rowspan="2">−0.004
−0.029</td><td rowspan="2">±0.0125</td><td rowspan="2">−0.006
−0.031</td><td>1.2</td><td rowspan="5">+0.10
0</td><td>1</td><td rowspan="5">+0.10
0</td><td rowspan="3">0.08</td><td rowspan="3">0.16</td></tr>
<tr><td>>8～10</td><td>3×3</td><td>3</td><td>1.8</td><td>1.4</td></tr>
<tr><td>>10～12</td><td>4×4</td><td>4</td><td rowspan="3">+0.030
0</td><td rowspan="3">+0.078
+0.030</td><td rowspan="3">0
−0.030</td><td rowspan="3">±0.015</td><td rowspan="3">−0.012
−0.042</td><td>2.5</td><td>1.8</td></tr>
<tr><td>>12～117</td><td>5×5</td><td>5</td><td>3.0</td><td>2.3</td><td rowspan="3">0.16</td><td rowspan="3">0.25</td></tr>
<tr><td>>17～22</td><td>6×6</td><td>6</td><td>3.5</td><td>2.8</td></tr>
<tr><td>>22～30</td><td>8×7</td><td>8</td><td rowspan="2">+0.036
0</td><td rowspan="2">+0.098
+0.040</td><td rowspan="2">0
−0.036</td><td rowspan="2">±0.018</td><td rowspan="2">−0.015
−0.051</td><td>4.0</td><td rowspan="10">+0.20
0</td><td>3.3</td><td rowspan="10">+0.20
0</td></tr>
<tr><td>>30～38</td><td>10×8</td><td>10</td><td>5.0</td><td>3.3</td><td rowspan="5">0.25</td><td rowspan="5">0.40</td></tr>
<tr><td>>38～44</td><td>12×8</td><td>12</td><td rowspan="4">+0.043
0</td><td rowspan="4">+0.120
+0.050</td><td rowspan="4">0
−0.043</td><td rowspan="4">±0.0215</td><td rowspan="4">−0.018
−0.061</td><td>5.0</td><td>3.3</td></tr>
<tr><td>>44～50</td><td>14×9</td><td>14</td><td>5.5</td><td>3.8</td></tr>
<tr><td>>50～58</td><td>16×10</td><td>16</td><td>6.0</td><td>4.3</td></tr>
<tr><td>>58～65</td><td>18×11</td><td>18</td><td>7.0</td><td>4.4</td></tr>
<tr><td>>65～75</td><td>20×12</td><td>20</td><td rowspan="4">+0.052
0</td><td rowspan="4">+0.149
+0.065</td><td rowspan="4">0
−0.052</td><td rowspan="4">±0.026</td><td rowspan="4">−0.022
−0.074</td><td>7.5</td><td>4.9</td><td rowspan="4">0.40</td><td rowspan="4">0.60</td></tr>
<tr><td>>75～85</td><td>22×14</td><td>22</td><td>9.0</td><td>5.4</td></tr>
<tr><td>>85～95</td><td>25×14</td><td>25</td><td>9.0</td><td>5.4</td></tr>
<tr><td>>95～110</td><td>28×16</td><td>28</td><td>10.0</td><td>6.4</td></tr>
</table>

注：1. 在工作图中，轴槽深用 t 或$(d-t)$标注，轮毂槽深用$(d+t_1)$标注；

2. $(d-t)$和$(d+t_1)$两个组合尺寸的极限偏差按相应的 t 和 t_1 极限偏差选取，但$(d-t)$极限偏差应取负值；

3. 键尺寸的极限偏差 b 为 h9，h 为 h11，L 为 h14；

4. 长度 L 系列为：6，8，10，12，14，16，18，20，22，25，28，30，32，36，40，45，50，56，63，70，80，90，100，110，125，140，160，180，200，250，280，320，360；

5. 图中表面粗糙度数值非 GB 1095—79、1096—79 的内容，仅供参考。

2. 半圆键

表 15.17　半圆键的基本规格(GB1098、1099—79)

mm

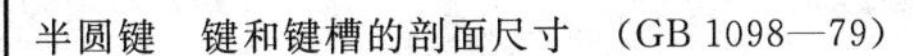
半圆键　键和键槽的剖面尺寸　(GB 1098—79)

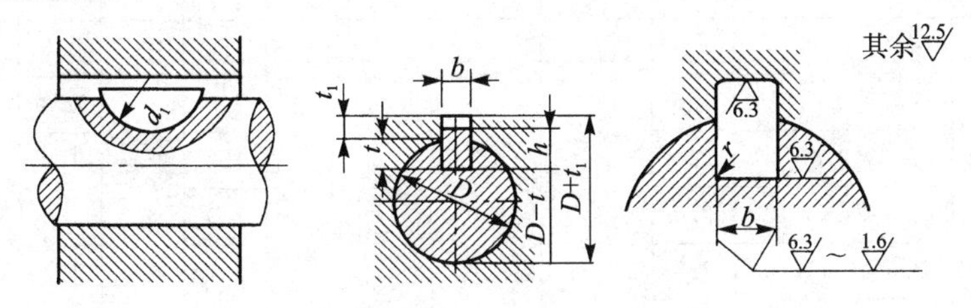

半圆键　型式尺寸(GB 1099—79)

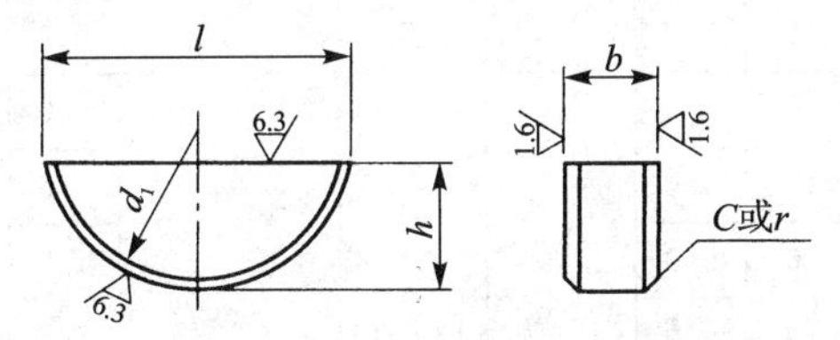

标记示例：

半圆键，b=6 mm、h=10 mm、d_1=25 mm。标记为：

键　6×25　GB 1099—79

轴径 d		键	键槽									
键传递扭矩用	键定位用	公称尺寸 $b\times h\times d_1$	宽度 b				深度				半径 r	
			公称尺寸	极限偏差			轴 t		t_1			
				一般连接		较紧键连接						
				轴 N9	毂 J_s9	轴和毂 P9	公称尺寸	极限偏差	公称尺寸	极限偏差	最小	最大

续表 15.17

键传递扭矩用	键定位用	公称尺寸 $b \times h \times d_1$	宽度 b				深度				半径 r	
			公称尺寸	极限偏差			轴 t		t_1			
				一般连接		较紧键连接						
				轴 N9	毂 J_s9	轴和毂 P9	公称尺寸	极限偏差	公称尺寸	极限偏差	最小	最大
3～4	3～4	1.0×1.4×4	1.0	$^{-0.004}_{-0.029}$	±0.012	$^{-0.006}_{-0.031}$	1.0	$^{+0.10}_{0}$	0.6	$^{+0.10}_{0}$	0.08	0.16
>4～5	>4～6	1.5×2.6×7	1.5				2.0		0.8			
>5～6	>6～8	2.0×2.6×7	2.0				1.8		1.0			
>6～7	>8～10	2.0×3.7×10	2.0				2.9		1.0			
>7～8	>10～12	2.5×3.7×10	2.5				2.7		1.2			
>8～10	>12～15	3.0×5.0×12	3.0				3.8	$^{+0.20}_{0}$	1.4			
>10～12	>15～18	3.0×6.5×16	3.0				5.3		1.4		0.16	0.25
>12～14	>18～20	4.0×6.5×16	4.0	$^{0}_{-0.030}$	±0.015	$^{-0.012}_{-0.042}$	5.0		1.8			
>14～16	>20～22	4.0×7.5×19	4.0				6.0		1.8			
>16～18	>22～25	5.0×6.5×16	5.0				4.5		2.3			
>18～20	>25～28	5.0×7.5×19	5.0				5.5		2.3			
>20～22	>28～32	5.0×9.0×22	5.0				7.0		2.3			
>22～25	>32～36	6.0×9.0×22	6.0				6.5	$^{+0.30}_{0}$	2.8			
>25～28	>36～40	6.0×10.0×25	6.0				7.5		2.8	$^{+0.20}_{0}$	0.25	0.40
>28～32	40	8.0×11.0×28	8.0	$^{0}_{-0.036}$	±0.018	$^{-0.015}_{-0.051}$	8.0		3.3			
>32～38	—	10.0×13.0×32	10.0				10.0		3.3			

注：1. 在工作图中，轴槽深用 t 或 $(d-t)$ 标注，轮毂槽深用 $(d+t_1)$ 标注；

2. $(d-t)$ 和 $(d+t_1)$ 两个组合尺寸的极限偏差按相应的 t 和 t_1 极限偏差选取，但 $(d-t)$ 极限偏差应取负值。

参考文献

[1] 郭桂萍，王德佩. 机械设计基础[M]. 2 版. 北京：北京航空航天大学出版社，2012.

[2] 李海萍. 机械设计基础课程设计[M]. 北京：机械工业出版社，2009.

[3] 韩莉. 机械设计设计课程设计[M]. 重庆：重庆大学出版社，2004.

[4] 陈立德. 机械设计基础课程设计指导书[M]. 2 版. 北京：高等教育出版社，2004.

[5] 胥宏. 机械设计基础[M]. 北京：科学出版社，2006.

[6] 朱文坚，黄平. 机械设计课程设计[M]. 2 版. 广州：华南理工大学出版社，2004.

[7] 任金泉. 机械设计课程设计[M]. 西安：西安交通大学出版社，2003.

[8] 邓昭铭. 机械设计基础[M]. 2 版. 北京：高等教育出版社，2000.

[9] 柴鹏飞. 机械设计基础[M]. 北京：机械工业出版社，2004.

[10] 陈立德. 机械设计基础[M]. 北京：高等教育出版社，2003.

[11] 成大先. 机械设计手册[M]. 北京：化学工业出版社，2004.

[12] 孙宝钧. 机械设计课程设计[M]. 北京：机械工业出版社，2005.

[13] 沈乐年，刘向锋. 机械设计基础[M]. 北京：机械工业出版社，1997.

[14] 周元康. 机械设计课程设计[M]. 重庆：重庆大学出版社，2004.

[15] 秦伟. 机械设计基础[M]. 北京：机械工业出版社，2004.

[16] 张建中. 机械设计基础课程设计[M]. 徐州：中国矿业大学出版社，1999.